黄河三角洲贝壳堤水盐肥生态过程与植被恢复

孙景宽　李　田　付战勇　陆兆华

李传荣　田家怡　刘京涛　夏江宝　　著

杨红军　刘　庆　董林水　屈凡柱

U0353921

中国矿业大学出版社

图书在版编目(CIP)数据

黄河三角洲贝壳堤水盐肥生态过程与植被恢复 / 孙景宽等著. — 徐州：中国矿业大学出版社，2019.7
ISBN 978-7-5646-4482-6

Ⅰ. ①黄… Ⅱ. ①孙… Ⅲ. ①黄河-三角洲-土壤水-研究②黄河-三角洲-土壤盐渍度-研究③黄河-三角洲-植被-生态恢复-研究 Ⅳ. ①S152.7②S155.2③Q948.525.2

中国版本图书馆 CIP 数据核字(2019)第 126061 号

书　　名	黄河三角洲贝壳堤水盐肥生态过程与植被恢复	
著　　者	孙景宽　李　田　付战勇　陆兆华　李传荣　田家怡	
	刘京涛　夏江宝　杨红军　刘　庆　董林水　屈凡柱	
责任编辑	夏　然　章　毅	
出版发行	中国矿业大学出版社有限责任公司	
	(江苏省徐州市解放南路　邮编 221008)	
营销热线	(0516)83884103　83885105	
出版服务	(0516)83995789　83884920	
网　　址	http://www.cumtp.com　E-mail:cumtpvip@cumtp.com	
印　　刷	江苏凤凰数码印务有限公司	
开　　本	787 mm×1092 mm　1/16　印张 10.25　字数 210 千字	
版次印次	2019 年 7 月第 1 版　2019 年 7 月第 1 次印刷	
定　　价	58.00 元	

(图书出现印装质量问题,本社负责调换)

前　言

　　贝壳堤是由潮间带的贝类死亡之后的残体,混合粉砂、细砂、淤泥质黏土经波浪搬运,在高潮线附近堆积而成的堤状地貌堆积体。黄河三角洲位于渤海西南岸,境内分布有两道贝壳堤,向北与天津、河北地区的贝壳堤相连,形成国内独有的贝壳滩脊海岸。黄河三角洲贝壳堤位于海洋向陆地的过渡地带,在研究海岸带地貌变化、贝壳堤形成、气候变化、生物多样性变化等方面发挥着极其重要的作用。无论是从其沉积规模、动态类型,还是从所含环境信息等方面来讲,黄河三角洲贝壳堤都为西太平洋各边缘海所罕见,与美国路易斯安那州贝壳堤和苏里南国贝壳堤并称为世界三大古贝壳堤,而且是世界上规模最大、唯一的新老并存的贝壳堤,它在世界第四纪地质和海岸地貌研究中占有极其重要的位置。贝壳堤岛及其周围的潮间湿地,有着大量的野生动植物资源,生物多样性丰富,既是东北亚内陆和环西太平洋鸟类迁徙的中转站和越冬、栖息、繁殖地,也是研究黄河变迁、海岸线变化、贝壳堤岛形成等环境演变以及湿地类型的重要基地,在我国海洋地质、生物多样性和湿地类型研究中有着举足轻重的地位和保护价值。

　　近年来,由于海水侵蚀、风暴潮、平堤水产养殖、挖砂烧瓷等自然和人为因素的影响,该区土壤、水文条件受到很大影响,土壤肥力严重下降,从而导致黄河三角洲贝壳堤植被的演化序列在部分地区出现了逆向演化形势。海岸带植被在防风固沙、促淤护岸、防治海岸侵蚀、保持水土等方面有着至关重要的作用,对改善区域生态环境和维持海岸带生态系统稳定性等方面具有重要意义。贝壳堤生态系统中淡水资源比较匮乏,常受海浪、风暴潮的影响,滨海植被生长状况和分布格局与植物可利用水分和养分的分布格局密切相关,尤其是在可利用水和养分匮乏的贝壳堤,水分、盐分和养分成为植物群落分布和物种组成格局的主要影响因素。

　　本研究从水分-盐分-养分体系出发,通过传统水分测定和同位素分析相结合的方法,来探究水分空间分布格局和水源补给来源;通过对土壤剖面的土壤含盐量和季节性动态变化来探究盐分时空分异规律;通过土壤剖面养分和季节性动态变化来探究养分时空分异规律以及进一步开展养分与微生物生物量之间的相关关系。同时开展了植物耐旱特性、耐盐特性、典型植物养分利用等研究,研究结果可为黄河三角洲贝壳堤的生态恢复提供理论依据和技术支撑。

本书是作者研究团队近年来承担的国家重点研发计划项目(2017YFC0505904)国家自然科学基金项目(41401100、41871089),山东省科技发展计划项目(2014GSF117022),山东省自然科学基金项目(ZR2019MD024)等项目的阶段性研究成果。本书在出版过程中得到滨州学院山东省黄河三角洲生态环境重点实验室生态学一流学科的大力支持。没有各级领导和同行支持和帮助,本书不可能顺利完成。在本书出版之际,特向支持本书出版的各级领导、学者和同行表示衷心的感谢!

由于作者水平所限,本书中不妥、不足及错误之处,恳请读者批评指正。

作　者

2019 年 4 月

目　录

第一篇　黄河三角洲贝壳堤水盐肥运移生态过程

1　国内外相关研究进展 ··· 3

1.1　黄河三角洲贝壳堤研究进展 ······················· 3

1.2　水分的研究现状 ···································· 5

1.3　盐分空间分布特征研究 ···························· 7

1.4　土壤养分研究概况 ·································· 7

1.5　植物与土壤水分、盐分和养分的关系 ·············· 9

2　黄河三角洲贝壳堤水分分布特征 ························· 10

2.1　材料与方法 ······································ 10

2.2　结果与分析 ······································ 14

2.3　讨论 ·· 20

3　黄河三角洲贝壳堤盐分分异特征 ························· 22

3.1　材料与方法 ······································ 22

3.2　结果与分析 ······································ 23

3.3　讨论 ·· 29

4　黄河三角洲贝壳堤养分分布特征 ························· 31

4.1　材料与方法 ······································ 31

4.2　结果与分析 ······································ 33

4.3　讨论 ·· 41

第二篇　黄河三角洲贝壳堤植被恢复技术

1　植物抗旱性研究进展 ……………………………………… 47
　1.1　种子萌发期的抗旱性 ………………………………… 47
　1.2　水分平衡与渗透调节 ………………………………… 48
　1.3　抗氧化防御系统和膜质过氧化 ……………………… 48
　1.4　干旱胁迫与植物的光合响应 ………………………… 49
2　种子萌发期沙枣和孩儿拳抗旱性研究 ………………… 51
　2.1　材料与方法 …………………………………………… 51
　2.2　结果与分析 …………………………………………… 52
　2.3　讨论 …………………………………………………… 56
3　干旱胁迫下沙枣和孩儿拳的水分平衡与渗透调节 …… 57
　3.1　材料与方法 …………………………………………… 57
　3.2　结果与分析 …………………………………………… 59
　3.3　讨论 …………………………………………………… 64
4　干旱胁迫下沙枣和孩儿拳保护酶活性和膜质过氧化作用 …
……………………………………………………………… 66
　4.1　材料与方法 …………………………………………… 66
　4.2　结果与分析 …………………………………………… 67
　4.3　讨论 …………………………………………………… 69
5　干旱胁迫对沙枣和孩儿拳光合特性的影响 …………… 71
　5.1　材料与方法 …………………………………………… 71
　5.2　结果与分析 …………………………………………… 72
　5.3　讨论 …………………………………………………… 77
6　干旱胁迫下沙枣和孩儿拳叶绿素荧光特性研究 ……… 80
　6.1　材料与方法 …………………………………………… 80
　6.2　结果与分析 …………………………………………… 81
　6.3　讨论 …………………………………………………… 89
7　干旱胁迫对沙枣幼苗根茎叶生长及光合色素的影响 … 91
　7.1　材料与方法 …………………………………………… 91
　7.2　结果与分析 …………………………………………… 92

7.3　讨论 ┈┈┈┈┈┈┈┈┈┈┈┈┈┈┈┈┈┈┈┈┈┈┈┈┈┈┈ 95

8　干旱胁迫对沙枣幼苗根茎叶保护酶系统的影响 ┈┈┈┈┈ 97

8.1　材料与方法 ┈┈┈┈┈┈┈┈┈┈┈┈┈┈┈┈ 97

8.2　结果与分析 ┈┈┈┈┈┈┈┈┈┈┈┈┈┈┈ 98

8.3　讨论 ┈┈┈┈┈┈┈┈┈┈┈┈┈┈┈┈┈┈┈┈┈┈ 104

9　二色补血草生长和保护酶特性对盐胁迫的响应 ┈┈┈┈ 106

9.1　材料与方法 ┈┈┈┈┈┈┈┈┈┈┈┈┈┈┈ 106

9.2　结果与分析 ┈┈┈┈┈┈┈┈┈┈┈┈┈┈ 107

9.3　讨论 ┈┈┈┈┈┈┈┈┈┈┈┈┈┈┈┈┈┈┈┈┈ 109

10　盐胁迫对二色补血草光合生理生态特性的影响 ┈┈┈ 111

10.1　材料和方法 ┈┈┈┈┈┈┈┈┈┈┈┈┈┈ 111

10.2　结果与分析 ┈┈┈┈┈┈┈┈┈┈┈┈┈ 112

10.3　讨论 ┈┈┈┈┈┈┈┈┈┈┈┈┈┈┈┈┈┈┈ 116

11　孩儿拳种子萌发特性和抗氧化系统对盐胁迫的响应 ┈ 119

11.1　材料和方法 ┈┈┈┈┈┈┈┈┈┈┈┈┈┈ 119

11.2　结果与分析 ┈┈┈┈┈┈┈┈┈┈┈┈┈ 120

11.3　讨论 ┈┈┈┈┈┈┈┈┈┈┈┈┈┈┈┈┈┈┈ 124

12　黄河三角洲贝壳堤典型建群植物养分吸收积累特征 ┈ 126

12.1　材料与方法 ┈┈┈┈┈┈┈┈┈┈┈┈┈┈ 126

12.2　结果与分析 ┈┈┈┈┈┈┈┈┈┈┈┈┈ 127

12.3　讨论 ┈┈┈┈┈┈┈┈┈┈┈┈┈┈┈┈┈┈┈ 132

参考文献 ┈┈┈┈┈┈┈┈┈┈┈┈┈┈┈┈┈┈┈┈┈┈┈┈ 134

第一篇

黄河三角洲贝壳堤水盐肥运移生态过程

贝壳堤海岸带生态系统较为脆弱,对环境变化的响应极其敏感(刘玮等,2008)。近年来,由于海水侵蚀、风暴潮、平堤水产养殖、挖砂烧瓷等自然和人为因素的影响,黄河三角洲贝壳堤土壤、水文条件受到很大影响,土壤肥力严重下降,从而导致植被的演化序列在部分地区出现了逆向演化形势。海岸带植被在防风固沙、促淤护岸、防治海岸侵蚀、保持水土等方面有着至关重要的作用,对改善区域生态环境和维持海岸带生态系统稳定性等方面具有重要意义。贝壳堤生态系统中淡水资源比较匮乏,常受海浪、风暴潮的影响,滨海植被生长状况和分布格局与植物可利用水分和养分的分布格局密切相关,尤其是在可利用水和养分匮乏的贝壳堤,水分、盐分和养分成为植物群落分布和物种组成格局的主要影响因素(田家怡等,2011)。

由于黄河三角洲贝壳堤海岸带海拔较低且贝壳砂土壤持水能力弱,形成了沙质海岸带土壤持水能力低、含水量低、土壤养分匮乏、地下水位浅且含盐量高的土壤水文特征,导致可利用有效水资源和养分相对不足。土壤水文特征成为影响贝壳堤海岸带植被分布格局、植物水分关系及湿地生态系统生产力的关键生态因子之一(Armas et al.,2010),而海洋可以通过不规则半日潮、风暴潮、海水入侵等影响海岸带植物群落土壤水文特征(Sipio et al.,2011)。全球气候变暖以及由此引起的海平面上升将加剧海水入侵、海岸带侵蚀,很大程度上影响了土壤水文条件,进而对贝壳堤海岸带植物群落的结构和功能产生显著影响(Saha et al.,2011)。

因此,针对贝壳堤海岸带湿地因人为或自然而引起的土壤、水文、养分变化,调查海岸带湿地的土壤水盐、养分分布格局,研究其与植物分布、水分利用策略的关系,对揭示贝壳堤海岸带植物群落和功能的机理具有重要的科学意义,对退化海岸带植被的保护和恢复有重要的理论指导意义。

1 国内外相关研究进展

1.1 黄河三角洲贝壳堤研究进展

贝壳堤是由潮间带的贝类死亡之后的残体和粉砂、细砂、淤泥质黏土等经波浪搬运,在高潮线附近堆积而成的堤状地貌堆积体。黄河三角洲位于渤海西南岸,境内分布有两道贝壳堤,向北与天津、河北地区的贝壳堤相连,形成国内独有的贝壳滩脊海岸(田家怡等,2011)。黄河三角洲贝壳堤位于海洋向陆地的过渡地带,在研究海岸带地貌变化、贝壳堤形成、气候变化、生物多样性变化等方面发挥着极其重要的作用。无论是从其沉积规模、动态类型,还是从所含环境信息等方面来讲,黄河三角洲贝壳堤都为西太平洋各边缘海所罕见,与美国路易斯安那州和苏里南国的贝壳堤并称为世界三大古贝壳堤,而且是世界上规模最大、唯一的新老并存的贝壳堤,它在世界第四纪地质和海岸地貌研究中占有极其重要的位置。贝壳堤岛及其周围的潮间湿地,有着大量的野生动植物资源,生物多样性丰富,既是东北亚内陆和环西太平洋鸟类迁徙的中转站和越冬、栖息、繁殖地,也是研究黄河变迁、海岸线变化、贝壳堤岛形成等环境演变以及湿地类型的重要基地,在我国海洋地质、生物多样性和湿地类型研究中有着举足轻重的地位和保护价值。

相关学者已经对贝壳堤做了大量研究。早在 1957 年,李世瑜(1962)发现了渤海湾西海岸由贝壳堆积形成的长垄状地质体,称之为蛤蜊堤(李世瑜,1962);20 世纪 50 年代末 60 年代初,我国渤海湾西海岸、苏北平原与长江三角洲地区的贝壳堤相继被历史考古与地貌工作者发现并加以初步研究(李世瑜,1962 年;王颖,1964);王颖(1964)从地质、地貌角度对渤海湾西岸的贝壳堤进行了论述,取得了阶段性成果,并首先在国内将 chenier 命名为"贝壳堤",对应的英文术语是"shell beach ridge",这是长期以来被国内学者所接受的中、英文术语。赵松龄等(1976,1978)通过对渤海湾西岸的野外调查与室内资料分析,结合对渤海湾西岸贝壳堤的形成年代,研究了渤海湾西岸的海侵和海相地层与海岸线问题;

彭贵等(1978)进行了渤海湾西岸晚第四纪地层中^{14}C年代学的相关研究;赵希涛等(1980,1981,1986)重点研究了渤海湾西岸贝壳堤的形成年代、成因,分布与特征以及对海岸线变迁和海面变化的反映;李广雪等(1987)结合贝壳堤的分布分析了现代黄河三角洲海岸带动态变化规律。90年代,有关黄河三角洲贝壳堤发育年代、形成原因、地貌、分布、资源的调查以及与海岸线、海平面变化等的研究也纷纷开展。谷奉天(1990)在鲁北海岛开展了贝沙岗与贝沙植被类型调查;庄振业等(1991)根据海相地层的分布和粉砂淤泥质海岸平均高潮线上发育的贝壳堤的位置,探究了渤海南岸当时的海侵界线并确定了几条古岸线,为研究渤海湾南岸的全新世地质历史提供了重要依据;夏东兴(1991)通过对无棣、沾化沿岸现代贝壳堤岛的分析发现,暴风浪是贝壳堤形成的主要动力;徐家声等(1994)通过对渤海湾黄骅沿海新发现的低潮滩贝壳堤的研究,认为研究区贝壳堤下伏层顶板代表着贝壳堤形成时相应的高潮线位置,可以较准确地反映本区的海平面变化;武羡慧等(1995)在分析渤海湾海岸带贝壳堤分布、规模及形成年代的基础上,探讨了新构造运动对贝壳堤发育的影响;马振兴(1998)分析了渤海湾风暴潮的形成机制及其向滨海沿岸的沉积作用;田家怡等(1999)开展了黄河三角洲生物多样性研究,并对贝壳堤及湿地生态系统作了进一步的调查分析。

21世纪以来,黄河三角洲贝壳堤的研究进入了一个鼎兴时期,研究层次和手段有了很大提高,出现了学术观点百家争鸣的新局面。Saito等(2000)在现代黄河三角洲贝壳堤利用^{14}C技术,发现贝壳堤受控于黄河下游河道的变迁;王宏(2002)在前人对渤海湾西岸贝壳堤的研究基础上,进一步讨论了chenier定义内涵不断扩大对渤海湾贝壳堤分类、定名的影响;崔承琦(2001)多年来对冀鲁交界的大口河口向东至顺江沟120 km的粉沙淤泥质海岸进行了多次实地考察,并应用航空和卫星遥感等资料研究了古代黄河三角洲海岸的现代特征;潘怀剑和田家怡(2001)分析研究了贝壳堤岛植物多样性;孙志国(2003)对贝壳堤的锶同位素地球化学开展了研究工作,初步探讨了渤海湾南部最近6 000多年来海水中锶同位素变化特征;谷奉天(2005)对鲁北贝壳堤岛上的山东结缕草资源作了调查研究;刘志杰等(2005)通过对黄河三角洲贝壳堤滩脊的沉积结构、发育环境分析,将贝壳滩脊分为堤梗和堤内充填两个亚相;孙景宽等(2006、2009)通过对盐胁迫下拳头种子萌发特性和抗氧化系统、干旱胁迫下不同植物种子萌发、沙枣茎叶保护酶系统等相关研究,为孩儿拳头、沙枣等植物在黄河三角洲贝壳堤的引种驯化提供理论参考。王强等(2007)从贝壳堤水平分布状况、内部结构、下伏地层等方面,分析和探讨了渤海湾西岸贝壳堤堆积与海陆相互作用,发现海岸线附近中潮坪-高潮坪受向岸风和波浪作用也可形成雏形贝壳堤砂体;李月等(2008)对无棣贝壳堤岛与湿地自然保护区海洋药用贝类资源;赵丽萍等(2009)

对该自然保护区的维管植物区系也开展了部分研究工作;刘庆等(2009)通过黄河三角洲贝壳堤的植物分布状况,探讨了贝壳沙中微量元素 Fe、Mn、Cu、Zn 的含量、形态、分布特征及其与地表植物覆盖类型的关系;夏江宝等(2009)、李田等(2010)通过对黄河三角洲贝壳堤岛 3 种灌木光合生理特征和二色补血草耐盐性研究,明确其抗旱、抗盐生理机制,以期为黄河三角洲贝壳堤岛植被恢复中的物种选育和合理种植提供科学依据;刘庆等(2010)通过对黄河三角洲贝壳堤的 8 种主要建群种植物不同部位全氮、全磷、全钾等营养元素的含量分析,以明确该区域生态系统中重要生命元素的生物地球化学循环特征;赵艳云等(2012)开展了贝壳堤地区微生物分布特征及其与植被分布的关系研究,发现微生物含量随土层深度的增加呈逐渐下降,细菌、真菌、放线菌的含量与植被群落的物种数均呈线性关系,相关性达极显著水平;范延辉等(2016)通过 3 种分离培养基,利用稀释平板涂布法对贝壳堤土壤样品进行分离,表明黄河三角洲贝壳堤土壤中存在丰富的放线菌资源。夏江宝等(2016)对贝壳砂土壤的基本物理参数、渗透性、土壤水分的温度响应特性开展了研究,并采用模糊数学隶属函数法评价了不同植被类型的土壤蓄水潜能;Yang 等(2017)通过对黄河三角洲贝壳堤不同断面有效态重金属的空间分布研究,发现贝壳堤处于清洁状态,重金属有下移趋势。王平等(2017)、朱金方等(2017)利用稳定同位素技术对黄河三角洲贝壳堤柽柳水分进行了研究,阐述了柽柳在海岸带的水分利用来源;赵艳云等(2017)通过对芦苇群落和蒙古蒿群落的空间分布格局和种间关系研究发现,贝壳堤湿地芦苇种群和蒙古蒿种群的空间分布格局和种间关系的尺度转换效应随生境而呈不同趋势,从而为因地制宜地制定相应的植物保护和恢复策略提供一定基础理论。

可见,诸多学者对贝壳堤及湿地生态系统的研究还局限于某一方面,还没有系统的研究水-盐-肥还没有研究季节性动态变化规律。因此,有必要对其进一步研究。

1.2 水分的研究现状

1.2.1 水因子的生态作用

水作为湿地中最重要的物质迁移的媒介,与其他生态因子共同作用于湿地的生物地球化学循环过程,影响着湿地生态系统中的元素循环与转化速率、群落的分布格局、植被的生长和发育快慢等生态功能(杨池,2007)。湿地水文过程控制着湿地的形成与演化,是决定贝壳堤生态系统结构与功能、湿地相关生态过程进行的重要驱动力。同时,它还决定着贝壳堤湿地的基质及其空间分布规律,其水质决定着湿地的植被分布格局以及群落的结构与功能。湿地水文过程研究是了解贝壳堤生态系统水文特征、进行潜在地下可利用水调查的前提,是湿地科学研究的重要基础,更进一步研究湿地水文过程和水分迁移动向在全球气候变化、生物多样性保护和海岸带植被恢复等方面也具有极其重要的作用(陈为峰,2005)。

1.2.2 氢氧稳定同位素在水分运移中的应用

贝壳堤植被可利用水的来源主要来自降雨、地下径流、地表径流、地下水和浅层土壤水。水分在土壤中的迁移有一定的动向,植物通过吸收可利用水以维持正常的生存、生理、生态活动,继而植物又通过蒸腾作用等其他作用把水分回归环境中。土壤水的补给、耗散及运移过程一直以来都是非常复杂的问题,通过传统的技术方法很难解释清楚(Lee et al.,2007)。随着科学技术的发展,稳定同位素技术是一种重要的示踪剂对植物有较小的破坏性,数据具有较强的说服性等,已经被广泛应用于生物、地下水、土壤、大气、河流等多领域的研究中(Eggemeyer et al.,2009;朱金方等,2016)。

早在 20 世纪初期,Soddy 首次提出了"同位素"一词,Thomas 发现了氖有两种同位素,从此证明了自然界中存在同位素。随后 Giauque 和 Urey 等人发现了氚和氧同位素,为此后稳定同位素技术应用于植物的研究领域奠定了基础。早在 1934 年,Washburn 和 Smith 首次将氢同位素应用到黑柳叶片中的研究,结果发现,由于叶片的光合作用和蒸腾作用,使氢同位素发生富集,在水分从地下部到地上部运移的过程中没有发生氢同位素的分馏。Wershaw 等(1966)发现稳定氢同位素在叶片中由于蒸腾作用而发生富集。Robertson 等(2006)通过测定降雨和土壤水的 $\delta^{18}O$ 组成,证实了 $\delta^{18}O$ 值的差异与季节性的水文变化有关。Brandes 等(2007)、Maricle 等(2011)通过对干旱地土壤水稳定同位素垂直分布研究时发现植物根系对土壤水分有提升现象,植物根系在潜水势梯度的作用下对水分进行了重新分配,造成同位素成分不同的水分混合。

国内对于氢氧同位素技术的研究起步较晚,随着科学技术的发展,氢氧同位素广泛应用于自然界水循环过程的研究。田立德等(1997)通过研究拉萨夏季降雨中氧同位素的变化特征,发现了降水中 $\delta^{18}O$ 同位素变化规律与气温和降水之间的关系。表层土壤水中 $\delta^{18}O$ 受降水的影响最为明显,而深层土壤水中 $\delta^{18}O$ 受地下水 $\delta^{18}O$ 的影响增强,显示出地下水在土壤水活动中起着活跃的作用;徐庆等(2007)通过对卧龙亚高山暗针叶林中土壤各层次土壤水氢稳定同位素变化进行示踪研究水分的迁移;靳宇蓉等(2015)通过对黄土高原黄绵土的研究,来探究降雨入渗和地下水补给方式下土壤水分的运移变化特点。

稳定同位素技术在水分运移方面的应用,实现了传统方法无法做到的事情,为我们研究滨海湿地生态系统内水分分布和迁移提供了一种新的科学方法。

1.3　盐分空间分布特征研究

滨海生态系统中,生境含盐量是影响生态系统组成和生物多样性的重要因素之一。田家怡等(2011)研究发现随着土壤深度的增加,土壤表层以下(50~120 cm)贝壳沙含盐量显著高于表层(0~25 cm);田家怡等(2011)通过对贝壳堤岛地下水主要离子含量及可溶性总盐的研究发现,与可溶性总盐含量相关性较大的阳离子是 Na^+ 和 Mg^{2+},其次是 Ca^{2+},再次是 K^+;与可溶性总盐含量相关性较大的阴离子是 Cl^-,其次是 SO_4^{2-},CO_3^{2-}/HCO_3^- 离子含量与可溶性盐总量的相关性不明显,阴阳离子之间的相关分析结果指示了贝壳堤岛地下水中的盐分以 Na^+ 和 Mg^{2+} 的氯化物和硫酸盐为主;杨劲松等(2007)通过研究黄河三角洲地区土壤水盐空间变异特征研究,结果表明,土壤盐分与土壤 pH、土壤含水量呈负相关性,土壤盐分含量高则会导致 pH 降低;张鹏锐等(2015)通过研究东营市滨海盐碱地发现盐分随着土壤深度(0~190 cm)的增加呈现先降低后升高的趋势,且得东营出滨海盐碱土离子属于氯化物型;邹晓霞等(2017)通过研究垦殖和自然条件下黄河三角洲地区土壤盐分的变化特征,发现0~20 cm 土壤平均含盐量显著高于60~100 cm 土层;黄河三角洲贝壳堤土壤主要以贝壳砂为主,且含盐量与一般土壤和滨海潮土有很大差异。况且很多研究一次性采样存在很大偶然性,且地下水和土壤之间的含盐量和离子含量均有一定的差异,通过从不同月份着手来研究黄河三角洲贝壳堤的土壤含盐量空间分异特征和季节性动态变化规律很有必要性。

1.4　土壤养分研究概况

1.4.1　土壤养分空间分布研究概况

土壤是地球陆地表面具有一定肥力并能使绿色植物生长的疏松层,具有为植物生长提供并协调营养条件和环境条件的能力(史舟,2014)。湿地土壤养分含量受到湿地生态系统的水文过程、植被类型和土壤理化性质等因素的影响。土壤供给植物生长所需要的营养元素,植物又反作用于土壤,植物和土壤是密切联系、不可分割的有机统一整体。研究土壤中养分含量和养分空间分异特征,对植物的生长存活、发育有着至关重要的作用。目前,诸多学者对湿地生态系统中土壤养分的分布规律已有一些研究成果:丁秋祎等(2009)通过对黄河三角洲潮上带湿地4种典型的植被群落下水盐梯度和土壤养分含量的变化特征发现,植被群落的变化能够影响土壤养分含量和土壤全氮含量。夏志坚等(2017)通过对黄河三角洲潮汐区芦苇湿地0~60 cm深度土壤的研究发现,土壤全氮含量随着土壤深度的增加而降低;刘玉斌等(2018)通过对黄河三角洲新生湿地的养分研究发现,土壤总氮含量呈现出由河道两侧向外递减的趋势;土壤总磷含量整体上呈现由海向陆递增、由河道向外递减的趋势。

1.4.2 土壤养分转化与微生物生物量关系

土壤微生物是陆地生态系统的主要分解者,土壤生态系统重要的组成部分,在土壤养分矿化、分解、固持和营养物质循环、维持土壤结构、分解有机质以及生物地球化学循环等都发挥着至关重要的作用,同时也调控着碳和养分在土壤-植物之间的循环,充当植物营养元素的源和库(Ruan et al.,2004;周正虎等,2016;Leff,2015),并且其对环境变化的敏感性通常被作为土壤环境质量的灵敏生物指标(An et al.,2009)。土壤微生物生物量是指土壤中体积小于 $5\,000\,\mu m^3$ 的且去除活植物体以外的生物总量。它是土壤有机质的活性部分,在土壤有机质中不足3%,但却作为生态系统养分循环的关键因素,其与土壤养分分布特征的联系对于我们理解生态系统养分循环十分重要(Hall et al.,2011)。土壤微生物量的变化不仅能影响生态系统的稳定,还能够反应土壤的质量状况(Bucher et al.,2005),土壤和植被是一个有机整体,二者相辅相成、互相影响。土壤为植被生长发育提供必需的营养物质,而植被生长又可通过调节区域小气候、凋落物来改善土壤系统的结构组成和肥力状况。在湿地生态系统中,通过土壤微生物生物量来评价土壤肥力状况势必要考虑其土壤水分、pH值、土壤养分、盐分和土壤质地等生态限制因子,研究这些因子对土壤微生物生物量的影响极其重要。

目前,土壤微生物生物量已成为国际土壤生物学、土壤生态学以及森林生态学等研究领域的热点问题之一(Edwards et al.,2006;Baldrian et al.,2010;Foote et al.,2015)。国内外学者对微生物生物量作了大量研究,但多集中于对森林、高原、丘陵、草原和农田等生态系统的研究。李国辉等(2010)通过研究黄土高原7种典型植物根际和非根际对土壤微生物量碳、氮、磷的影响,发现土壤有机碳和全氮与土壤微生物量之间有显著相关性;王春阳等(2010)通过研究黄土区的6种不同植物的凋零物对土壤微生物碳氮含量的变化,发现不同凋零物的加入能够显著提高土壤微生物量碳氮含量,为黄土区植被的恢复提供了理论依据。对于湿地土壤养分分布和土壤微生物生物量关系的研究较少(裴希超等,2009;张静等,2014;彭佩钦等,2006),特别是从微地形的土壤水平和垂直的空间分布角度对土壤微生物生物量的研究却鲜有报道。因此,研究不同生境土壤微生物生物量对了解土壤养分水平及其养分的转化和循环具有重要意义,以此来探讨影响土壤微生物生物量碳、氮、磷含量的主要土壤生境因子,为黄河三角洲贝壳堤的土壤肥力管理、植被保护和恢复提供一定的理论依据。

1.5　植物与土壤水分、盐分和养分的关系

　　水分、盐分和养分成为植物群落分布和物种组成格局的主要影响因素(田家怡等,2011)。土壤中养分与土壤物理、化学和生物性质密不可分,在一定程度上反映出碳、氮、磷、钾元素的利用状态,关系到土壤的肥力和植物的生长状况。关于植物和土壤水分-盐分-养分的关系,目前尚无统一定论。丁秋祎等(2009)通过对黄河三角洲潮上带湿地 4 种典型的植被群落下水盐梯度和土壤养分含量的变化特征发现沿植物群落演替方向,土壤含水量无显著差异,土壤盐分呈逐渐降低的趋势,且土壤全氮含量沿着演替方向有增高趋势;赵艳云等(2010)在滨州北部贝沙堤生物多样性研究中发现,含盐量、含水量对植被群落结构影响不显著;刘斌等(2010)通过对梭梭林的研究发现土壤水分匮缺和土壤盐分含量过高可以限制梭梭的正常生长,导致梭梭的退化。王尚义等(2013)通过对河东矿区不同植被恢复模式的研究发现植物平均生物量与土壤养分含量呈正相关关系。王岩等(2013)通过研究滨海湿地不同植物群落下土壤养分的空间分布特征发现,土壤含盐量和 pH 值对各养分含量并无显著影响。凌敏等(2010)则认为土壤含盐量的高低虽然对群落物种、群落分布有很大的影响,但并不能决定群落土壤氮和有机质的累积状况。

2　黄河三角洲贝壳堤水分分布特征

贝壳堤植被可利用水的来源主要来自降雨、地下径流、地表径流、地下水和浅层土壤水。水分在土壤中的迁移有一定的动向,植物通过吸收可利有效水以维持正常的生存、生理、生态活动,继而,植物又通过蒸腾作用等其他作用把水分回归环境中。土壤水的补给、耗散及运移过程一直以来都是非常复杂的问题,通过传统的技术方法很难解释清楚(Lee et al.,2007)。本节运用稳定同位素技术,研究分析不同生境下土壤水中氧稳定同位素的变化特征,探讨黄河三角洲贝壳堤土壤水的运移规律。本研究选用 2015 年的 5、7、9 月份采集土壤样品(0～60 cm)进行水分稳定同位素测定。

2.1　材料与方法

2.1.1　地理位置

黄河三角洲贝壳堤位于山东省滨州市无棣县西北部的汪子岛,地理坐标为 $38°5'51''N$～$38°21'6''N$,$117°46'58''E$～$118°5'43''E$,总面积约为 435.4 km²。黄河三角洲贝壳堤地势低平,海拔一般在 5 m 以下;地下水埋深浅、矿化度高;土壤为滨海盐渍土,成土母质主要是风积物和钙质贝壳土壤化,土壤类别主要以滨海盐土类和贝壳砂土类。本研究的实验区位于贝壳堤与湿地国家自然保护区的核心区——汪子岛,地形地貌如图 2-1 所示。

2.1.2　气候特征

本研究区气候为暖温带大陆性季风气候,干湿季节明显。据资料记载,多年平均气温为 11.7～12.6 ℃,夏季平均温度为 26.7℃,冬季平均温度为 −2.4℃(田家怡等,2011)。黄河三角洲贝壳堤淡水资源十分缺乏,主要依靠降水补给。据气象资料显示,本研究区年降水量约为 550 mm,年际降雨变化较大,降水多集中在夏季(6～9 月),约占全年降水的 70%。年蒸发量为 2 430.6 mm,蒸降比为4.4,经常出现干旱情况。

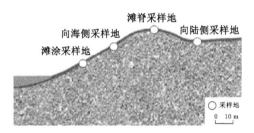

图 2-1　滨州贝壳堤与湿地国家级自然保护区位置图

2.1.3　水文状况

本研究区地表淡水来源主要为大气降水和过境客水,地下淡水主要为贝壳堤上层滞水(李树荣等,2013)。地下水位较浅,多为1~2.5 m,干旱年份的地下水位可能超过3m。潮汐属不正规半日潮,汪子岛以西海域多年平均潮差为2.21 m,最大潮差为3.55 m,平均潮差年变幅为1.25 m。地处中纬度地带,风暴潮一年四季均可发生。春秋和冬末多温带风暴潮发生,夏季有台风风暴潮袭击,是我国风暴潮的多发区。

2.1.4　植被状况

据文献记载,黄河三角洲贝壳堤植物大概有63种(田家怡等,2011)。由于周围环海,海拔较低,经常会受到海浪的侵袭,贝壳砂中盐分含量较高,从向海侧到向陆侧,植被分布和多样性有一定的差异性。该研究区植被主要以盐生、旱生灌木和草本植物为主。其中,低矮灌木主要以柽柳(Tamarix chinensis)、酸枣

(Ziziphus jujube var. spinosa)、杠柳(Periploca sepium)和小果白刺为主；草本植物多禾本科、藜科和菊科植物，主要以芦苇(Phragmites australis)、盐地碱蓬(Suaeda salsa)、碱蓬(Suaeda glauca)、蒙古蒿(Artemisia mongolica)、砂引草(Tournefortia sibirica)、二色补血草(Limonium bicolor)、鹅绒藤(Cynanchum chinense)、大穗结缕草(Zoysia macrostachya)、狗尾草(Setaria viridis)、獐毛(Aeluropus sinensis)为主，伴生植物有猪毛菜(Salsola collina)、兴安天门冬(Asparagus dauricus)、地肤(Kochia scoparia)、菟丝子(Cuscuta chinensis)、斜茎黄耆(Astragalus adsurgens)、肾叶打碗花(Calystegia soldanella)、阿尔泰紫菀(Aster altaicus)等。

2.1.5 样地设置

本研究区位于贝壳堤与湿地自然保护区的核心区——汪子岛。根据黄河三角洲贝壳堤土壤质地、地貌特征以及不同类型植被样带和距离海岸的远近，采用网格布点法，在研究区内，沿垂直海岸线方向设置 4 个采样地，按照距海由近到远依次记作滩涂采样地、向海侧采样地、滩脊采样地和向陆侧采样地(表 2-1)。

表 2-1 采样地基本概况

样地	地下水位/m	土壤质地	植被类型	优势种	植被覆盖率	表层枯落物
滩涂	<0.6	贝壳砂/泥沙	无	无	无	无
向海侧	>0.75	贝壳砂	草本	砂引草、芦苇	相对较高，约30%~45%	有,相对贫乏
滩脊	>2.5	贝壳砂	草本×灌木	酸枣、芦苇、蒙古蒿	较高，45%~65%	有,相对丰富
向陆侧	<1	贝壳砂/滨海潮土	草本	碱蓬、盐地碱蓬	5月无植被,7~9月植被约30%~50%	有,相对丰富

2.1.6 样品采集

本研究样品采集主要集中在 2015 年 5 月、7 月、9 月和 2017 年 6 月。2015 年采集了土壤样品、植物样品、海水和雨水。其中,所采集样品土层分为 0~10 cm、10~20 cm、20~40 cm、40~60 cm 四个层次;2017 年只采集土壤样品,土壤剖面分为 0~5 cm、5~10 cm、10~20 cm、20~40 cm、40~60 cm 五个层次。

每个样地采用五点取样法,利用直径 4.5 cm 的特制土钻采集土壤样品,混合均匀后,用四分法取 1~2 kg,立即装入带盖的玻璃取样瓶中,用 Parafilm 封口膜封口,并放入便携式低温箱内保存,带回实验室进行土壤水分提取。每个采样地分别挖 1 个 60 cm 深的土壤剖面,分别从 0～5 cm、5～10 cm、10～20 cm、20～40 cm、40～60 cm 土层中采集一部分样用于土壤粒径分析,采集的土壤装入聚乙烯自封袋带回实验室后进行风干处理,重复三次。

在采样地放置一个带漏斗的玻璃瓶,加入特制生物油 2～3 mm 封底,防止雨水因蒸发产生同位素分馏。降雨后立即采集雨水样品,设 3 个重复,雨水样品同样装入带盖的玻璃取样瓶中,用 Parafilm 封口膜封口,并放入便携式低温箱内保存,带回实验室进行土壤水分提取。海水水样采集时,选取每天涨潮时的海水作为样品,每次取 3 个重复。样品采集后,立即放入 4 ℃的便携式储存箱中,带回实验室待处理,将土壤放入－10 ℃的冰箱中冷冻储存,水样放入 4 ℃的冰箱中储存,以备用于水分的提取。

2.1.7 样品测定

土壤含水量采用烘干法测定。

氢氧同位素测定:土壤样品采用真空抽提系统(LI-2000)提取样品中的自由水,水分提取采用真空冷冻抽提技术。样品提取前,先将样品从冰箱中取出,自然解冻,待玻璃取样瓶表面无水后,再进行样品水分提取,以免污染样品水分。首先使用液氮将待提样品进行冷冻,以防止抽提水分过程中因气压过低使水分流失。加热过程中,水蒸气在真空条件下会向温度低的方向流动,再次使用液氮将其冷冻收集。提取后的水分装入带盖的测试瓶中,放入冰箱中 4 ℃低温储存,以待测试。同时,为了避免海水和地下水中含有的盐分影响测定结果以及堵塞设备管路,也用该提技术进行提取。

氢氧稳定同位素测定前,将待测样品从低温环境中取出,放入托盘中并静置至室温。利用液态水同位素仪(LGR DLT100)测定土壤水、海水、地下水、雨水的氢氧稳定同位素丰度值,精度为±0.3‰。

氢氧稳定同位素比率的计算公式为:

$$\delta X = (R_{sample}/R_{standard} - 1) \times 1\,000 \tag{1}$$

公式(1)中,δX 为氢氧稳定同位素比率;R_{sample} 是样品中氧元素的重、轻同位素丰度之比$[(^{18}O/^{16}O)_{sample}]$;$R_{standard}$ 是国际通用标准物(H 和 O 稳定同位素的标准采用 $v-SMOW$)稳定同位素丰度之比(Zhu et al.,2016)。

2.1.8 数据处理与分析

数据处理采用 SPSS 17.0 和 Microsoft Excel 2003 进行统计分析,显著性水平设定为 $\alpha = 0.05$;采用 Microsoft Excel 2003 和 Origin 8.6 软件绘图。

2.2 结果与分析

2.2.1 黄河三角洲贝壳堤降水和气温状况

由图 2-2(a)可以看出,黄河三角洲贝壳堤降水具有较明显的季节性,降雨多集中在 7～8 月份。该研究区内,2005～2014 年的年均降水量为 621.6 mm,且集中在 7、8 月份的雨季,1～3 月份和 10～12 月份降雨量相对较少。2015 年采样期间,年均降水量为 711.5 mm,与 2005～2014 年累年年均降水量相比增加 14.5%。且采样期间,5 月份和 7 月份降雨量与 2005～2014 年月均降水量相比分别增加 10.5%、8.6%,9 月份降雨量与 2005～2014 年月均降水量相比减少 58.8%。7～8 月降雨量占据 2015 年总降雨量的 58.8%。降雨作为黄河三角洲贝壳堤土壤水分的主要淡水补给来源,表现出较为明显的季节性特征。

由图 2-2(b)可以看出,黄河三角洲贝壳堤 5～9 月份月均气温在 20℃以上,11 月～次年 3 月月均气温均在 10℃以下,高温天气主要集中在 6～8 月,表现出较明显的季节性。

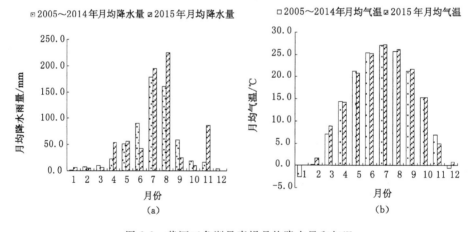

图 2-2　黄河三角洲贝壳堤月均降水量和气温
(a)降水量;(b)气温

2.2.2 黄河三角洲贝壳堤土壤水含量分布特征

图 2-3 所示,水平方向上,不同样地之间土壤含水量差异较大,表现为向陆侧＞滩涂＞滩脊＞向海侧。随着土壤深度的增加,各采样地剖面土壤含水量总

体上波动增大。其中,向陆侧采样地土壤含水量相对最大,均大于 20%,且各深度的土壤含水量无显著差异($p > 0.05$),这是因为该采样地在采样期间受到 8 月份强降雨的影响,导致该样地存有积水,土壤含水量最高。滩涂处区域含水量均在 15% 以上,这主要是由于滩涂的地下水位较低,一般小于 60 cm,且受到不规则半日潮的冲刷作用,使得滩涂处土壤含水量相对较大。向海侧和滩脊采样地的 0~40 cm 深度土层含水量变化较小,40~60 cm 深度层与 0~40 cm 深度层的土壤含水量差异显著($P < 0.05$),40 cm 以下深度层土壤含水量最大,这主要是因为滩脊和向海侧的土壤多由破碎的贝壳和贝壳沙组成,持水能力较弱,浅层土壤含水量因地表蒸发作用而相对较小。研究表明,土壤含水量随着土层呈现波动增加,样地间土壤含水量的差异受到地下水位、土壤质地、潮水和地表积水和地表蒸发的影响。

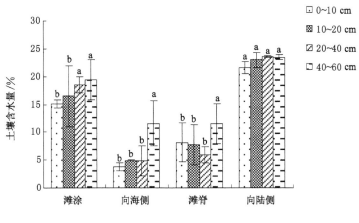

图 2-3 各采样地不同深度土壤含水量

2.2.3 土壤水氢同位素的空间分布特征

土壤水分受降水入渗补给和蒸腾蒸发消耗等的影响,处于不断变化的状态。土壤水稳定同位素组成与降水、蒸发及土壤质地密切相关(Araki et al.,2005)。近年来,氢、氧稳定同位素技术因其灵敏性和精确性的特点,被广泛应用于水循环过程研究中(石辉等,2003;孙双峰等,2005)。由于土壤水分补给和消耗的季节变化、地表土壤蒸发、土壤水和地下水之间的同位素存在差异,使土壤水分氢、氧稳定同位素在土层深度上产生梯度(Cook et al.,2006)。

不同干湿月份,土壤水的氢同位素分布格局有很大差异(图 2-4)。由于 5 月、7 月份采样期间受到降雨的影响,土壤水的 δD 值对降雨作出响应。5 月份,滩涂、向海侧、滩脊处表层(0～20 cm)土壤水中 δD 值受降水的影响最为明显，在表层最小，向陆侧则表现为表层 δD 值较大，在表层产生 δD 富集作用，这可能是由于表层土壤含盐量较大，且 5 月份向陆侧无植被覆盖，分馏作用较显著。7 月份，月均降雨量高达 194.4 mm，对 4 个样地的土壤水 δD 值影响较大，随着土壤深度的增加，滩涂、向海侧、滩脊和向陆侧采样地的土壤水 δD 值波动增大，表层土壤水 δD 值越接近降水中 δD 值，表明表层土壤水 δD 值对降雨的响应较为强烈。9 月份，由于采样期间，无降雨干扰且蒸发强烈，氢同位素在表层富集，土壤水的 δD 值在表层较高。其中，向陆侧由于地势较低，受到之前月份降雨地表积水的干扰，土壤水的 δD 值较向海侧和滩脊处 δD 值高。研究表明，不同样地土壤水的氢同位素的运移过程存在差异，这与降雨量的大小、地表植被、土壤质地组成密切相关。

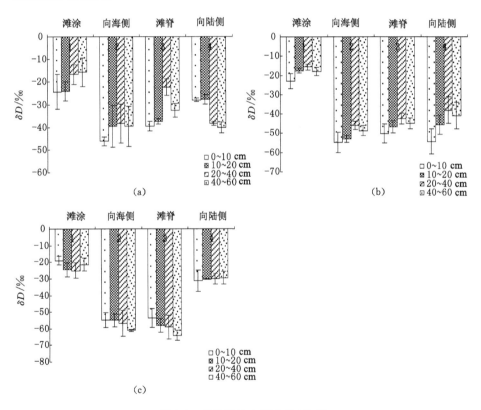

图 2-4　各采样地土壤水的 δD 值

(a) 5 月；(b) 7 月；(c) 9 月

2.2.4　土壤水氧同位素的空间分布特征

土壤水稳定同位素的变化受降雨、地表蒸发及土壤水的运移过程等多方面因素的影响,土壤水中氧稳定同位素分布格局受大气分馏、降雨、地表径流、地下水迁移、植被等的影响(Allison et al.,1982;Reynolds et al.,2000;Ellsworth et al.,2007;Xu et al.,2011)。由于雨水氧稳定同位素的季节性变化、降雨量大小的差异,因此土壤水的稳定同位素组成的变化能够为我们提供水分运移规律、雨水在土壤中的混合及停留时间等方面的信息(Gazis et al.,2006)。

土壤水氧同位素值在不同月份、不同样地间的氧同位素含量均不同。图2-5所示,5月、9月份的滩涂和向陆侧土壤水 $\delta^{18}O$ 值较向海侧和滩脊处较大,7月份滩涂处土壤水 $\delta^{18}O$ 值显著大于其他三个样地,这主要是由于滩涂处受到海水冲刷的季节性变化所致,且5月份和9月份,滩涂和向陆侧样地含盐量较高,对氧同位素分馏作用影响较大,导致 $\delta^{18}O$ 值在滩涂和向陆侧富集。

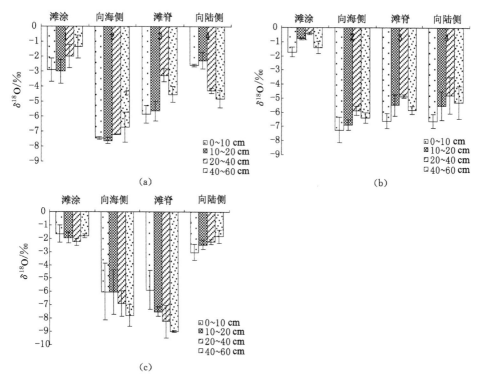

图 2-5　各采样地土壤水的 $\delta^{18}O$ 值

(a)5月;(b)7月;(c)9月

土壤水氧同位素值在不同月份之间的变化趋势与氢同位素一致(图2-5)。5月份,随着土壤深度的增加,滩脊、滩涂和向海侧采样地土壤水的$\delta^{18}O$值逐渐增大,向陆侧土壤水的$\delta^{18}O$值变化趋势和土壤水的δD值变化趋势一致,这可能是由于表层土壤含盐量较大,且5月份向陆侧无植被覆盖,分馏作用较显著;7月份,随着土壤深度的增加,滩涂、向海侧、滩脊和向陆侧采样地的土壤水$\delta^{18}O$值波动增大,表层土壤水$\delta^{18}O$值越接近降水中$\delta^{18}O$值,这主要与7月份较高降雨量有关,表层土壤水δD值对降雨的响应较为强烈。9月份,由于采样期间,无降雨干扰,且发生地表蒸发,氧同位素在表层富集,土壤水的$\delta^{18}O$值在表层较高。其中,向陆侧由于地势较低、表层土壤为滨海潮土,受到之前月份降雨地表积水的干扰,土壤水的$\delta^{18}O$值较向海侧和滩脊处$\delta^{18}O$值高。研究表明,不同样地土壤水的氧同位素的运移过程存在差异,这与降雨量的大小、地表植被、土壤质地组成密切相关。

2.2.5 氢、氧稳定同位素的关系

2.2.5.1 大气降雨氢、氧同位素特征曲线

大气降水是陆地水循环的重要环节,对大气降水中稳定氢、氧同位素组成的研究,是应用同位素技术研究全球及局地水循环的必要前提。由于水在蒸发和凝结过程中会发生同位素分馏,从而使大气降水中的氢、氧同位素出现了线性关系。大气降水中δD和$\delta^{18}O$之间的关系对于研究水循环过程中的稳定同位素变化具有十分重要的意义。全球大气降水氢氧同位素组成$\delta^{18}O$变化范围在$-55‰\sim8‰$之间,平均值为$-4‰$;δD变化范围在$-440‰\sim35‰$之间,平均值为$-22‰$;黄河三角洲贝壳堤大气降雨的$\delta^{18}O$变化范围是$-4.4‰\sim-9.9‰$,平均值为$-6.81‰$;δD变化范围是$-29.5‰\sim-62.7‰$,平均值为$-45.5‰$,故研究区氢氧稳定同位素含量在此范围内。

通过分析不同地区的降水资料,Craig(1961)提出了全球大气降水线方程(GMWL)为$\delta D = 8\delta^{18}O + 10$;郑淑慧等(1983)通过利用最小二乘法得出中国大气降水线方程为$\delta D = 7.9\delta^{18}O + 8.2$;Liu等(2014)根据近年来的降水同位素监测数据资料,得到中国的大气水线为$\delta D = 7.48\delta^{18}O + 1.01$;不同区域的大气降水线(LMWL)往往会偏离全球大气降水线方程,反映各自区域的降水规律。根据降水水样中δD和$\delta^{18}O$的测定结果,获得黄河三角洲贝壳堤的大气降水线方程$\delta D = 6.456\delta^{18}O - 6.323(R^2 = 0.987)$(如图2-6),这与全球大气降水线方程$\delta D = 8\delta^{18}O + 10$和中国大气降水线方程$\delta D = 7.74\delta^{18}O + 6.48$(刘进达等,1997)相比,其斜率较小,表明降水过程中发生分馏作用,这主要与黄河三

角洲贝壳堤地理位置和气候条件有关。

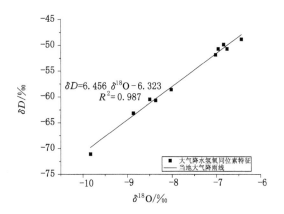

图 2-6 降水线氢氧同位素特征

2.2.5.2 土壤水氢、氧稳定同位素的关系

不同月份土壤水中氢、氧稳定同位素关系如图 2-7 所示。不同月份的土壤水氢、氧稳定同位素关系曲线的斜率均小于黄河三角洲贝壳堤大气水线的斜率，表明土壤水因蒸发而产生氢、氧同位素分馏。5、7、9 月份的土壤水中氢氧同位素之间的关系分别为：$\delta D = 4.689\delta^{18}O - 11.604(R^2 = 0.843)$、$\delta D = 5.867\delta^{18}O - 12.244(R^2 = 0.965)$、$\delta D = 5.775\delta^{18} - O15.190(R^2 = 0.909)$，土壤水中 δD 和 $\delta^{18}O$ 均围绕实测当地降水线下分布，表明土壤水主要来源于大气降水补给，但是 5~9 月份土壤水中氢、氧同位素方程斜率和截距均小于黄河三角洲贝壳堤大气降水线方程的斜率和截距，表明降水进入贝壳砂质土壤后，在土表经历强烈的非平衡蒸发，分馏明显。其中 5 月份土壤水中氢、氧同位素方程与当地大气水线偏离最大，表明土壤水受蒸发引起的同位素分馏最强，这主要是由于 5 月份月均气温 20.9 ℃，采样之前月份降雨较少，且蒸发量大，因此土壤稳定同位素富集较强图[2-7(a)]。7 月份降雨强度最大，月均降雨量高达 194.4 mm，蒸发量较大，具有较强的同位素分馏能力，但是相对于 5 月份，同位素富集能力减弱[图 2-7(b)]。9 月份降雨量最小，但是却受到 7~8 月份强降雨的影响，且气温高，蒸发作用强，因此仍具有较强的同位素分馏[图 2-7(c)]。按照稳定同位素富集程度由强到弱排序为 5 月＞9 月＞7 月。

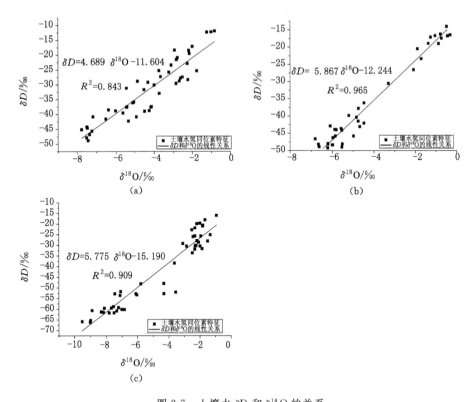

图 2-7　土壤水 δD 和 $\delta^{18}O$ 的关系

(a)5 月；(b)7 月；(c)9 月

2.3　讨论

土壤水分受降水入渗、地下水补给、地表蒸发和植物蒸腾等影响,处于不断变化的状态(马雪宁等,2012)。本研究中,随着土壤深度增加,4 处采样地的土壤含水量波动增大,滩涂和向陆侧采样地的土壤含水量明显大于向海侧和滩脊采样地。由于贝壳堤海岸主要以不规则半日潮和风暴潮为主(田家怡等,2011),海水对滩涂土壤水有一定补给作用,使土壤含水量增加;而向陆侧采样地由于受残留大气降水和入渗海水等的影响,土壤水分在一定程度上由积水补给,故土壤含水量较大。由于蒸发量大、土壤均为贝壳砂碎屑,滩脊处和向海侧采样地的 0 ～40 cm 深度土壤的含水量相对较低,且表层土壤水补给只能依靠雨水,40 cm 以下土壤水补给可能是地下水向上运移或者海水的横向运动。贝壳砂生境下,0 ～20 cm 土层的持水能力较弱,主要是由于滩脊处地表草本植被盖度较大,且 0

～20 cm 土壤泥质化程度较高并具有一定的腐殖质层,对雨水的蓄积能力强于向海侧,使得滩脊表层土壤含水量大于向海侧土壤含水量。研究表明,土壤含水量受降雨、海水、土壤质地、植被覆盖率、土壤粒径大小等因素的影响。

由于土壤水分补给和消耗的季节变化、地表蒸发、土壤水和地下水之间的稳定同位素差异,使土壤水在垂直剖面上产生同位素组成梯度(isotope composition gradients)(Yakir et al.,2000;Cook et al.,2006)。通过利用分层土壤水中氢、氧稳定性同位素的分析,来探究与评价人类活动、植被变化对土壤水分时空分异规律的影响。土壤水的稳定同位素空间分布特征较多地被用于研究地下水的补给机制(Yakir et al.,2000;张应华等,2006;徐学选等,2010)。我国诸多学者对不同地区不同深度土壤水的稳定性同位素的变化规律进行了研究(田立德等,2002;徐庆等,2007;侯士彬,2008;潘素敏等,2017)。徐庆等(2007)对卧龙亚高山暗针叶林中土壤不同深度的土壤水氢稳定同位素变化进行监测研究,结果表明土壤剖面不同层位土壤水 δD 在表层变化最大,向下变化幅度越来越小,60 cm 以下土壤水 δD 趋于稳定。宋献方等(2007)研究了太行山区土壤氧同位素的空间分布规律,并根据土壤水和地下水的稳定同位素值估算出了土壤水入渗补给地下水的补给量;王仕琴等(2009)和徐学选等(2010)通过对比分析降水、土壤水和地下水中的氢、氧同位素特征,研究了不同地区降水-土壤水-地下水之间的转化关系。土壤水稳定同位素能够反映土壤水分的分布特征和运移特征。本研究中,不同月份中,向海侧和滩脊处 δD 值和 $\delta^{18}O$ 值分别在 $-64.06‰$～$-22.28‰$、$-8.97‰$～$-3.26‰$,比滩涂裸地 δD 值和 $\delta^{18}O$ 值小,这主要是因为两地地下水位均大于 0.75 m,且 5 月和 7 月,向海侧和滩脊处表层土壤水 δD 值和 $\delta^{18}O$ 值对雨水的响应比较敏感,表现出土壤表层土壤水 δD 值和 $\delta^{18}O$ 值较小,土壤下层土壤水 δD 值和 $\delta^{18}O$ 值较大的趋势,说明了向海侧和滩脊处土壤水只能靠雨水来补给。

5～9 月份之间,滩涂裸地的土壤水的 δD 值和 $\delta^{18}O$ 值分别在 $-32.20‰$～$-22.46‰$、$-3.89‰$～$-2.11‰$,显著大于其他样地,且土壤 δD 值和 $\delta^{18}O$ 值在滩涂裸地表层富集,且富集程度显著大于向海侧、滩脊和向陆侧。向陆侧土壤水的 δD 和 $\delta^{18}O$ 在月份间变化较大,5 月份表层潮土土壤水对降雨响应不敏感,这可能是由于向陆侧经历 12 月～次年 4 月的长期无雨或少雨的时间,稳定同位素在表层富集;7 月份降雨量高达 194.4 mm,向陆侧土壤水对稳定同位素的响应比较敏感,导致 δD 和 $\delta^{18}O$ 大幅度降低,δD 和 $\delta^{18}O$ 贫化;9 月份,向陆侧采样地有积水,且积水的 δD 值和 $\delta^{18}O$ 分别为 $-28.98‰$、$-2.68‰$,向陆侧采样地的土壤水的 δD 值为 $-31.23‰$～$-29.58‰$、$-3.05‰$～$-1.84‰$,这说明积水补给了向陆侧采样地的表层土壤水,使得氢同位素在积水和土壤水之间发生了运移。

3 黄河三角洲贝壳堤盐分分异特征

土壤盐分是影响盐渍化地区植被空间分布的关键因素,与普通滨海湿地等盐渍化区域相比,黄河三角洲贝壳堤的土壤盐分空间分布特征还缺少系统研究。因此,非常有必要对黄河三角洲贝壳堤土壤盐分空间分布特征进行系统研究,为进一步阐明植物群落空间分布格局的形成机制奠定理论基础。

3.1 材料与方法

3.1.1 地理位置

同第 2 部分。

3.1.2 气候特征

同第 2 部分。

3.1.3 水文状况

同第 2 部分。

3.1.4 植被状况

同第 2 部分。

3.1.5 样地设置

同第 2 部分。

3.1.6 样品采集

本研究样品采集主要集中在 2015 年 5 月、7 月、9 月和 2017 年 6 月。2015 年采集了土壤样品。其中,所采集样品土层分为 0～10 cm、10～20 cm、20～40 cm、40~60 cm 四个层次;2017 年只采集土壤样品,土壤剖面分为 0~5 cm、5~10 cm、10~20 cm、20~40 cm、40~60 cm 五个层次。

每个样地采用五点取样法,利用直径 4.5 cm 的特制土钻采集土壤样品,混合均匀后,用四分法取 1~2 kg,装入自封袋中密封带回实验室,挑出其中的植物残体,自然风干,经研磨过筛后储存备用。

3.1.7 样品测定

土壤含盐量采用重量法测定;pH 值采用电位法测定;土壤粒径采用称重法测定 ;K$^+$、Ca^{2+}、Na$^+$、Mg^{2+}采用 ICP 测定,Cl$^-$、SO$_4^{2-}$、NO$_3^-$采用离子色谱仪测定。

3.1.8 数据处理与分析

数据处理采用 SPSS 17.0 和 Microsoft Excel 2003 进行统计分析,显著性水平设定为 $\alpha=0.05$;采用 Microsoft Excel 2003 和 Origin 8.6 软件绘图。

3.2 结果与分析

3.2.1 不同生境中土壤中阴阳离子含量

3.2.1.1 不同生境中土壤中阳离子含量

黄河三角洲贝壳堤的土壤基质主要以贝壳砂为主,土壤中含有大量贝壳,导致土壤 Ca^{2+}含量显著高于全国土壤 Ca^{2+}含量背景值。由表 3-1 可知,阳离子中,以 Ca^{2+}含量最多,不同样地中,土壤 Ca^{2+}含量也有一定差异,从近海侧向背海侧,土壤中 Ca^{2+}含量逐渐降低,即滩涂裸地最高,均值为 63.97 g/kg,向海侧和滩脊次之,向陆侧最低,均值为 35.17 g/kg,且不同样地中土壤的 Ca^{2+}变异系数差异不大,这与不规则半日潮所带来的大量贝壳残体有关,使得近海侧堆积大量的贝壳等含钙碎屑,土壤 Ca^{2+}含量较高。随着距离海岸距离越来越远,K$^+$含量表现出:向陆侧>滩脊>向海侧>滩涂。其中,滩脊、向海侧和向陆侧采样地的土壤 K$^+$变异系数分别为 17.00、13.18、11.60,均显著大于滩涂裸地 K$^+$的变异系数。不同样地间,向陆侧采样地的土壤 Na$^+$含量最高,均值为 6.82 g/kg,变异系数为 6.67;滩涂、滩脊和向海侧采样地的土壤 Na$^+$含量均值相对较小,均值分别为 4.32 g/kg、3.93 g/kg、2.69 g/kg,且变异系数较小,这主要是 5 月份采样期间,向海侧和滩脊处植被在压盐方面发挥着重要的作用,使得向海侧和滩脊处 Na$^+$ 含量较低；滩涂裸地由于受到海水的影响，含盐量较高，Na$^+$ 含量也较高；向陆侧样地在采样期间并无植被覆盖，且表层土壤为盐土，毛管现象较强，土壤含盐量较高，Na$^+$ 含量也相对较高。土壤 Mg^{2+} 含量在滩涂、滩脊和向海侧差异不大，均值在 2.22～2.90 g/kg 之间，向陆侧的土壤 Mg^{2+} 含量最高，均值为 4.15 g/kg，且四个采样地的土壤 Mg^{2+} 的变异系数都较大。由于受到大量贝壳的影响，黄河三角洲贝壳堤土壤阳离子主要以 Ca^{2+}、K$^+$、Na$^+$ 为主。

表 3-1   土壤阳离子含量

单位：g/kg

阳离子		滩涂	向海侧	滩脊	向陆侧
K$^+$	min	1.51	1.97	3.43	5.67
	max	3.42	5.28	6.47	9.27
	avg	2.37	3.49	5.21	7.16
	变异系数	4.06	13.18	17.00	11.60
Ca^{2+}	min	60.08	35.15	37.88	21.01
	max	66.98	56.80	53.95	38.91
	avg	64.00	46.70	43.33	31.17
	变异系数	3.84	2.16	2.47	2.00
Na$^+$	min	3.24	2.03	3.17	4.62
	max	5.11	3.49	4.63	11.35
	avg	4.32	2.69	3.93	6.82
	变异系数	30.15	7.80	27.37	6.67
Mg^{2+}	min	1.43	1.84	1.66	2.83
	max	3.30	4.30	3.73	6.06
	avg	2.22	2.90	2.67	4.15
	变异系数	26.43	16.28	13.07	15.81

3.2.1.2 不同生境中土壤中阴离子含量

表 3-2 可知，黄河三角洲贝壳堤土壤阴离子的含量表现为：Cl$^-$ ＞ SO$_4^{2-}$ ＞ NO$_3^-$。四个样地中，土壤 Cl$^-$ 含量最高，土壤 NO$_3^-$ 含量最低。从近海侧向背海侧方向上，土壤 Cl$^-$、SO$_4^{2-}$ 含量呈现先降低后升高的趋势，表现为：向陆侧＞滩涂＞向海侧＞滩脊。其中，向陆侧土壤 Cl$^-$ 含量、SO$_4^{2-}$ 含量、均呈现最高趋势，这可能与 5 月份该样地的高含盐量有很大关系。土壤 NO$_3^-$ 含量较低，且变化

趋势与土壤 Cl^-、SO_4^{2-} 变化趋势相反。研究表明,黄河三角洲贝壳堤土壤阴离子主要以 Cl^-、SO_4^{2-} 为主。

表 3-2　　　　　　　　　　　　土壤中阴离子含量

单位:g/kg

阴离子		滩涂	向海侧	滩脊	向陆侧
Cl^-	min	1.26	0.19	0.13	2.88
	max	2.75	0.36	0.22	11.53
	avg	2.34	0.26	0.16	6.04
	变异系数	17.49	17.28	42.52	49.46
SO_4^{2-}	min	0.32	0.12	0.09	0.42
	max	0.46	0.23	0.17	1.53
	avg	0.41	0.17	0.12	0.75
	变异系数	25.80	34.94	23.11	34.41
NO_3^-	min	0.012 6	0.01	0.033 4	0.014 7
	max	0.017 4	0.025 9	0.036 9	0.094 2
	avg	0.014 7	0.017 5	0.035 0	0.038 2
	变异系数	22.27	11.55	34.07	24.73

3.2.2　土壤含盐量空间分异特征和季节性变化

3.2.2.1　土壤含盐量空间分异特征

土壤盐分含量是影响土壤盐渍化地区植被空间分布格局的重要因素之一(赵欣胜等,2010;郑云云等,2013);与其他滨海湿地盐渍化区域相比,黄河三角洲贝壳堤的土壤盐分空间分异规律还缺少季节性动态研究。本研究中,水平方向上,从滩涂到向陆侧,土壤含盐量呈现出先降低后升高的趋势(图 3-1)。5 月、9 月土壤含盐量表现为:向陆侧＞滩涂＞向海侧和滩脊;7 月份土壤含盐量则表现为滩涂＞向陆侧＞向海侧＞滩脊。随着土壤深度的增加,滩涂处土壤含盐量表现出明显的垂直分布特征:0～10 cm＞10～20 cm＞20～40 cm＞40～60 cm。向海侧和向陆侧区域土壤含盐量在 5～7 月表现出表层 0～20 cm 大于表层以下各层,9 月份,土壤含盐量则随着土壤深度的增加而升高,有向下迁移的趋势。滩脊处区域的土壤含盐量较低,且在季节更替范围内变化较小,基本在 2 g/kg以下。

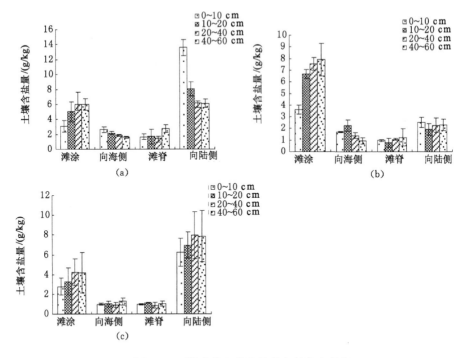

图 3-1　不同生境土壤含盐量空间分布特征

(a) 5 月；(b) 7 月；(c) 9 月

3.2.2.2　土壤含盐量季节性变化特征

从季节变化上来看,各样地土壤含盐量变化趋势有很大差异(图 3-2)。滩涂处土壤含盐量在 7 月最大,5 月次之,9 月最小。向海侧和滩脊处土壤含盐量均随着季节的更替而减小,可能是向海侧和滩脊处植被随生长季变化对盐分有适当吸收作用,土壤得到植被的改良,含盐量随着月份而降低。随着季节的变化,向陆侧区域土壤含盐量变化最大,表现为 5 月>9 月>7 月,这可能跟向陆侧土壤质地、覆盖植被以及降雨有很大关系,因为 5 月份之前,本研究区降雨较少,盐分随着土壤(表层为盐土)的毛细现象而在土壤表层富集,从而使得 5 月份土壤含盐量较高,随着雨季的到来,7 月份降雨量高达 194.4 mm,对向陆侧土壤含盐量有很大的影响,再加上该区域内主要生长盐地碱蓬和碱蓬,都属于聚盐盐生植物,对盐分有很强的吸收能力,特别是钠盐,从而使向陆侧区域的盐分降低;随着盐地碱蓬和碱蓬的生长,一部分枯枝落叶又返回到土壤中,导致土壤盐分再次上升,且 9 月份降雨较少,使得向海侧的毛细现象增强,从而导致 9 月份土壤含盐量升高。研究表明,潮土的含盐量显著大于贝壳砂裸地;植被对土壤含盐量有明显的抑制作用,在压盐方面发挥着重要作用。

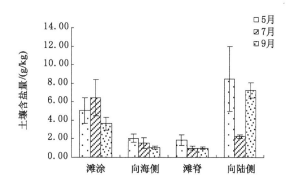

图 3-2　不同生境土壤含盐量季节性变化特征

3.2.3　土壤 pH 值空间分异特征和季节性变化

3.2.3.1　土壤 pH 值空间分异特征

从水平方向上来看,从滩涂到向陆侧,土壤的 pH 值呈现出先升高后降低的趋势(图 3-3)。5 月份和 7 月份,向海侧和滩脊处土壤 pH 值较稳定,变化较小,在 8.21～8.50 之间,且均大于向海侧和滩涂处土壤 pH 值,9 月份显著降低。滩涂处土壤 pH 值在 7.32～7.74 范围内,不同月份之间,变化范围较小。向陆侧土壤 pH 值在月份变化较大,在 7.35～8.30 之间。从土壤垂直剖面上看,各生境土层的 pH 值变化有一定差异。滩涂区域土壤 pH 值在 5 月份和 7 月份随着土层深度的增加逐渐降低,在 9 月份随着土层深度的增加逐渐增大,但差异不显著。

3.2.3.2　土壤 pH 值季节性变化

不同月份,各样地土壤 pH 值变化趋势不同(图 3-4)。滩涂处土壤 pH 值 5 月份和 9 月份变化差异不大,7 月份土壤 pH 值略有降低,可能与降水和潮汐有很大关系。向海侧和滩脊处土壤 pH 值在 5～7 月变化不大,这可能是由于两个样地间有着较为丰富的植被,使得区域小气候得到调节,相对较稳定,9 月份 pH 值有较大幅度的降低。向陆侧土壤 pH 值随着月份的变化呈现出:7 月＞9 月＞5 月。研究表明,不同月份的 pH 值与季节降雨、植被覆盖率和土壤质地有很大关系。

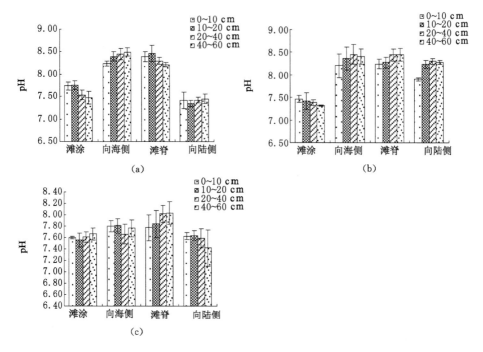

图 3-3　土壤 pH 值空间分布特征

（a）5月；（b）7月；（c）9月

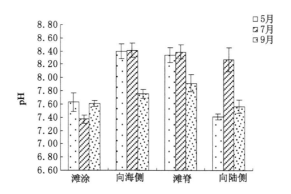

图 3-4　不同生境土壤 pH 值季节性动态变化

3.2.4　土壤含盐量和阴阳离子之间的相关性分析

表 3-3 可以看出，阳离子中，土壤含盐量和 Na^+、Mg^{2+} 呈现极显著正相关关系，和 K^+ 呈现显著正相关关系，但与 Ca^{2+} 相关性不显著，说明贝壳堤不同微地形间，土壤含盐量主要以钠盐、镁盐、钾盐为主；阴离子中，土壤含盐量和 Cl^-、

SO_4^{2-} 呈现极显著正相关关系,表明贝壳堤不同生境中主要是氯盐、硫酸盐为主。

表 3-3　　　　　　　　　　土壤含盐量和阴阳离子的相关性分析

	土壤含盐量	pH	K^+	Ca^{2+}	Na^+	Mg^{2+}	Cl^-	SO_4^{2-}	NO_3^-
土壤含盐量	1								
pH	−0.829**	1							
K^+	0.550*	−0.274	1						
Ca^{2+}	−0.372	0.077	−0.915**	1					
Na^+	0.907**	−0.635**	0.624**	−4.462	1				
Mg^{2+}	0.627**	−0.287	0.866**	−0.784**	0.646*	1			
Cl^-	0.977**	−0.739**	0.572*	−0.422	0.928**	0.638*	1		
SO_4^{2-}	0.960**	−0.681**	0.542*	−0.398	0.924**	0.665**	0.974**	1	
NO_3^-	0.560*	−0.101	0.704**	−0.626**	0.795**	0.684**	0.644**	0.701**	1

注:**表示相关性极显著($P < 0.01$),*代表相关性显著($P < 0.05$)。

3.2.5　土壤含盐量和 pH 的相关性

通过对不同月份土壤含盐量和 pH 值进行 Pearson 双因素相关分析发现,不同月份之间土壤含盐量和 pH 值呈负相关关系(图 3-5),5 月、7 月和 9 月的决定系数分别为 0.911 8、0.837 6、0.532 6。其中 5 月份 R^2 值均大于 0.9,可以较为准确地反映该月份土壤含盐量和 pH 值的相关性,而 7 月份 R^2 值则为 0.837 6,9 月份的 R^2 值最小,仅为 0.532 6,说明 9 月份的土壤含盐量和 pH 值之间的关系可能受到之前雨季的影响,从而使得 R^2 值逐渐减小。5 月份受到的降雨干扰较小,土壤含盐量和 pH 值之间的关系表现出高度协同性。

3.3　讨论

在黄河三角洲贝壳堤,土壤含盐量和 pH 是反映土壤状况的重要参数。土壤 盐分运移与土壤质地、降水、植物覆盖、盐分输入等因素密切相关(张国明,2006)。本研究中,4 处采样地的土壤pH值均大于7,表明土壤都呈偏碱性;Volodina 等(2007)、范等(2010)和 Fan 等(2011)认为毛管作用是盐分在介质表层积聚的主要原因,溶解在水中的盐分随着毛管引力作用不断由地下向地上迁移,水分在蒸腾作用下不断蒸发,而盐分则在介质的上部积聚,造成基质盐渍化,这种积聚作用随着毛管引力的增加而增加。本研究中,向陆侧、滩涂、向海侧、滩脊采样地的土壤含盐量依次减小,这可能是向陆侧处于贝壳砂和滨海盐土的过

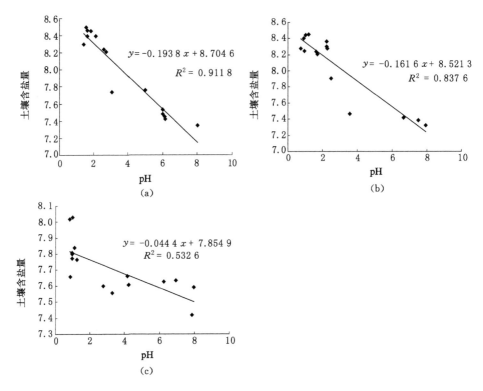

图 3-5　土壤含盐量和 pH 值的相关性

(a) 5 月;(b) 7 月;(c) 9 月

渡区,土壤表层 0～20 cm 含有部分潮土,毛管现象较强,盐分通过毛管作用不断地向地表积累,且向陆侧地势较低,地表植被主要以高度聚盐能力的盐地碱蓬、碱蓬为主,死亡残体可以再次返回地表,且背海侧建有盐场和海水养殖场,导致向陆侧土壤含盐量较高,这一结论与田家怡等(2011)在贝壳堤研究的地下水含盐量基本一致。滩脊和向海侧区域表层主要分布有大量贝壳砂,破碎的贝壳残体很好的减弱了毛管现象,使得土壤含盐量在向上迁移过程中受阻,与滨海潮土相比毛管引力大大降低,且植物覆盖度高,在一定程度上抑制了地表蒸发,所以其土壤含盐量相对较低土壤含盐量较低,贝壳砂生境这一特性为贝壳堤生态系统中生物多样性的增加创造了条件,这与魏晓明等(2014)的研究结果一致。

本研究中,土壤含盐量和 Na^+、Mg^{2+}、Cl^-、SO_4^{2-} 呈现极显著正相关关系,和 K^+ 呈现显著正相关关系,但与 Ca^{2+} 相关性不显著,说明贝壳堤不同生境中,土壤含盐量主要以钠盐、镁盐、钾盐、氯盐、硫酸盐为主,这一结论与田家怡等(2011)的研究结论基本一致。

4　黄河三角洲贝壳堤养分分布特征

　　土壤是地球陆地表面具有一定肥力并能使绿色植物生长的疏松层,具有为植物生长提供并协调营养条件和环境条件的能力(史舟,2014)。湿地土壤养分含量受到湿地生态系统的水文过程、植被类型和土壤理化性质等因素的影响。土壤供给植物生长所需要的营养元素,植物又反作用于土壤,植物和土壤是密切联系,不可分割的有机统一整体。研究土壤中养分含量和养分空间分异特征,对植物的生长存活、发育有着至关重要的作用。

4.1　材料与方法

4.1.1　地理位置
　　同第 2 部分。

4.1.2　气候特征
　　同第 2 部分。

4.1.3　水文状况
　　同第 2 部分。

4.1.4　植被状况
　　同第 2 部分。

4.1.5　样地设置
　　同第 2 部分。

4.1.6 样品采集

本研究样品采集主要集中在 2015 年 5 月、7 月、9 月和 2017 年 6 月。2015年采集了土壤样品。其中，所采集样品土层分为 0～10 cm、10～20 cm、20～40 cm、40～60 cm 四个层次；2017 年只采集土壤样品，土壤剖面分为 0～5 cm、5～10 cm、10～20 cm、20～40 cm、40～60 cm 五个层次。

每个样地采用五点取样法，利用直径 4.5 cm 的特制土钻采集土壤样品，混合均匀后，用四分法取 1～2 kg，装入自封袋中密封带回实验室，挑出其中的植物残体，自然风干，经研磨过筛后储存备用。

4.1.7 样品测定

全氮(TN)用元素分析仪(varioEL Ⅲ，Elementar，德国)测定；全磷(TP)采用钼蓝比色法测定，全钾(K)采用原子吸收法测定。

土壤微生物生物量碳(MBC)、微生物生物量氮(MBN)采用氯仿熏蒸 K_2SO_4 提取(吴金水，2006)。称取 4 份培养土样，每一份土壤重 25 g(烘干基)，其中 2 份用氯仿熏蒸 24 h，除去氯仿，加入 100 mL 0.5 mol/L K_2SO_4 提取，振荡 30 min，过滤。另 2 份不做氯仿熏蒸，浸提方法同上。浸提液中有机碳含量采用 TOC/TNb 自动分析仪(Liquid TOC Ⅱ，德国)测定。

MBC＝2.22×(熏蒸土样浸提的有机碳—不熏蒸土样浸提的有机碳)

浸提液中全氮含量采用氯仿熏蒸 K_2SO_4 提取，采用过硫酸钾氧化-流动注射分析仪(AA3，德国)法测定(姚槐应，2006)。

MBN＝2.22×(熏蒸土样浸提的全氮—不熏蒸土样浸提的全氮)

土壤微生物生物量磷(MBP)采用氯仿熏蒸 $NaHCO_3$ 提取法(Brookes et al.，1982)。称取 4 份培养土样，每份土壤重 4.0 g(烘干基)，其中 2 份用氯仿熏蒸 24 h，除去氯仿，用 0.5 mol/L $NaHCO_3$(pH 8.5)提取，另外 2 份不做氯仿熏蒸，浸提方法同上。采用比色法测定分析提取液中的磷。同时用外加无机磷的方法测定磷的提取回收率。以熏蒸土样与不熏蒸土样提取的 P 的差值并校正提取回收率后，乘以转换系数 K_P(2.5)计算土壤微生物生物量磷。

4.1.8 数据处理与分析

数据处理采用 SPSS 17.0 和 Microsoft Excel 2003 进行统计分析，显著性水平设定为 $\alpha＝0.05$；采用 Microsoft Excel 2003 和 Origin 8.6 软件绘图。

4.2　结果与分析

4.2.1　贝壳堤土壤全氮含量和空间分布特征及季节动态变化

　　N在核酸、氨基酸和蛋白质等物质的生物合成、形态建成、提高植物的光合作用能力等方面起着关键性作用。水平方向上，土壤全氮：滩脊＞向海侧＞向陆侧＞滩涂(图 4-1)。除了滩涂以外，向海侧、滩脊和向陆侧的土壤全氮含量均是表层大于表层以下各层，表现出明显的垂直分布特征：0～10 cm＞10～20 cm＞20～40 cm＞40～60 cm。当土层为 0～20 cm 时，向海侧、滩脊和向陆侧土壤全氮含量均显著大于滩涂；当土壤深度大于 20 cm 时，仅仅土壤全氮含量在生长季

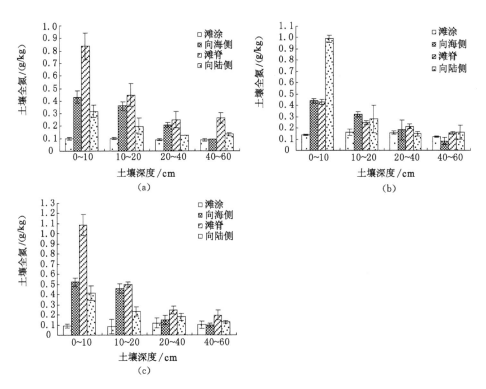

图 4-1　土壤全氮空间分布特征

(a) 5 月；(b) 7 月；(c) 9 月

初期显著大于滩涂，7～9 月份的土壤全氮含量较低，且相对于滩涂无明显差异。滩涂的土壤全氮含量的最大值出现在表层以下，可能是由于黄河三角洲贝壳堤常年受不规则半日潮的影响，导致滩涂表层土壤受到不规律冲刷，使得表层土壤

全氮含量降低,最大值出现在表层以下土层。

从季节变化上来看,各样地土壤全氮含量变化规则有很大差异。滩涂处无植被覆盖,位于高潮线以下,其5~9月份土壤全氮的变化趋势呈现7月份最高,5月和9月份无显著差异,这可能是因为滩涂处土壤全氮含量很大程度上只受到海水冲刷所带来的养分。滩脊和向海侧处土壤全氮含量随着月份的递增表现出先降低后升高的趋势,这可能是由于7月份滩脊处植被覆盖度较高,大量植物的生长增加了对N素的需求,导致土壤全氮含量大幅度降低;随着季节的更替,9月份植被开始慢慢凋亡,再加上土壤有机质的分解,使得土壤全氮含量慢慢增加。研究表明,近海侧滩涂裸地,土壤全氮含量与海水所输送的养分有很大关系,植被覆盖度较高的生境下,土壤全氮含量会在生长季开始时较高,生长旺盛季节最低,生长季末期土壤全氮含量又有回升趋势。研究表明,与滩涂裸地相比,向海侧、滩脊和向陆侧土壤全氮含量均呈现明显的垂直分布特征:0~10 cm >10~20 cm>20~40 cm>40~60 cm;土壤全氮含量与土壤质地、植被覆盖率、枯落物归还量等因素密切相关。

4.2.2 贝壳堤土壤全磷含量和空间分布特征及季节动态变化

P是核酸和酶的重要组成部分,是生命有机体组织的基本元素,在植物生长发育过程中起着重要作用。除了滩涂外,其他3个样地的土壤全磷含量均随着土壤深度的增加而降低,呈现出明显的垂直分布特征:0~10 cm>10~20 cm>20~40 cm>40~60 cm。向海侧、滩脊和向陆侧0~10 cm土壤全磷含量均大于滩涂土壤全磷含量。当土壤深度为20~40 cm时,滩涂土壤全磷含量大于向海侧、滩脊和向陆侧土壤全磷含量,这可能是由于滩涂处无植被覆盖,土壤磷素含量很大程度上受到土壤母质和潮汐的影响,在植被生长季其他三个样地均消耗掉大量磷素,使得其含量均低于滩涂处土壤全磷含量。

从季节动态变化上来看,四个样地间有显著差异(图4-2)。向海侧和滩脊处0~20 cm土壤全磷含量随着季节的变化呈现先降低后升高的趋势,在7月份含量最低,这可能是由于7月份向海侧和滩脊地带植被丰富,植物生长所需磷素大量增加,且两地多以草本植物为主,根系多分布在0~20 cm,短期时间内导致磷素大量降低;随着生长季的变化,9月份部分植物枯落物回归量增加,有机质分解量增加,土壤全磷含量继而升高。向陆侧土壤全磷含量则随着季节的变化而降低,表现为:5月最高,7月次之,9月最低。滩涂处土壤全磷含量则相对稳定,7月最高,5月和9月含量差异不大,这可能是跟海水所携带的营养元素影响有关。研究表明,与滩涂裸地相比,向海侧、滩脊和向陆侧土壤全磷含量均呈现明显的垂直分布特征:0~10 cm>10~20 cm>20~40 cm>40~60 cm;全磷含量与土壤质地、植被覆盖率、枯落物返回率等因素密切相关。

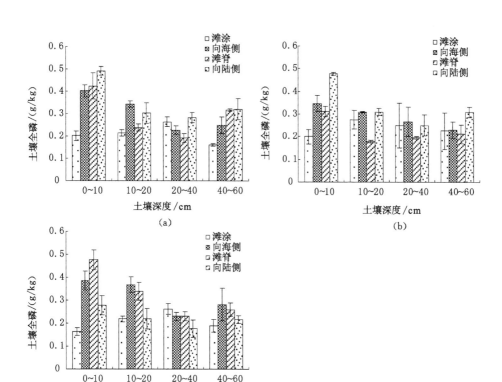

图 4-2　土壤全磷空间分布特征

(a) 5 月；(b) 7 月；(c) 9 月

4.2.3　贝壳堤土壤全钾含量和空间分布特征及季节动态变化

与滩涂裸地相比，向海侧、滩脊和向陆侧的土壤全钾含量最大值均出现在 0～10 cm 土壤深度（图 4-3）。在土壤垂直方向上，各样地不同月份，土壤全钾含量变化较大。

从季节变化上来看，各样地土壤全钾含量变化规则有很大差异。滩脊处，0～20 cm 的土壤全钾在 7 月份最高，9 月次之，5 月最低；20 cm 以下土壤的全钾随着季节的更替含量增加表现为：5 月＜7 月＜9 月，这可能是由于海水对滩涂表层（0～20 cm）的影响大于对深层土壤的影响。向海侧土壤全钾含量随着季节变化呈现出升高趋势,而滩脊处土壤全钾含量随着季节的变化表现为先降低后升高的趋势,即:9月>5月>7月。

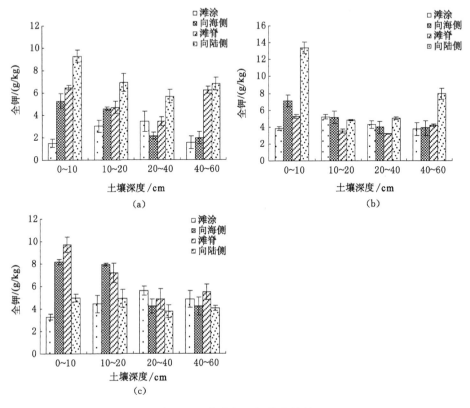

图 4-3　土壤全钾空间分布特征

(a) 5 月;(b) 7 月;(c) 9 月

4.2.4　黄河三角洲贝壳堤土壤微生物生物量特征

　　土壤微生物生物量是指土壤中体积小于 5 000 μm^3 的且去除活植物体以外的生物总量。它是土壤有机质的活性部分,在土壤有机质中不足 3%,但却作为生态系统养分循环的关键因素,其与土壤养分分布特征的联系对于我们理解生态系统养分循环十分重要(Hall et al.,2011)。土壤和植被是一个有机整体,二者相辅相成、互相影响。土壤为植被生长发育提供必需的营养物质,而植被生长又可通过调节区域小气候、凋落物来改善土壤系统的结构组成和肥力状况。本研究时间选择在 2017 年的 6 月份,采集土壤鲜样(0～60 cm)进行微生物生物量测定,可以反映出微生物对枯落物的分解能力,探究微生物生物量与养分和生境因子之间的相关关系。

4.2.4.1 不同生境的基本理化性质

不同微地形之间环境因子存在差异(表4-1)。不同生境的pH范围在7.88～9.07之间,表现为向海侧>滩涂>滩脊>向陆侧。含盐量的变化范围在1.63～13.21 g/kg之间,表现为向陆侧>滩涂>滩脊>向海侧。四个样地的含水量在5.37%～17.87%之间,表现为滩涂>向陆侧>滩脊>向海侧。从各样地粒径分析来看,滩涂和向海侧样地大于0.25 mm土壤占60%和69.19%,贝壳砂成分较高;滩脊和向陆侧样地大于0.25 mm土壤占46.76%和27.96%;滩涂和向海侧样地小于0.1 mm土壤分别占6.24%和2.02%,而滩脊和向陆侧小于0.1 mm土壤分别占28.13%和27.16%。

表 4-1 **不同生境的基本理化性质**

样地	pH值	含盐量/(g/kg)	含水量/%	机械组成/%					
				>2 mm	1～2 mm	0.5～1 mm	0.25～0.5 mm	0.1～0.25 mm	<0.1mm
滩涂	7.94±0.07	7.09±0.39	17.87±2.27	27.98	14.99	10.41	6.62	33.76	6.24
向海侧	9.07±0.07	1.63±0.31	5.37±1.37	12.64	21.91	21.48	13.16	28.79	2.02
滩脊	8.37±0.27	5.30±3.70	7.66±2.46	10.99	10.49	14.84	10.44	25.11	28.13
向陆侧	7.88±0.20	13.21±1.63	14.06±1.95	5.49	5.34	7.85	9.28	44.88	27.16

4.2.4.2 土壤微生物生物量碳、氮、磷的水平分布特征

黄河三角洲贝壳堤土壤微生物生物量碳、氮、磷含量见图4-4。水平方向上,不同生境因子影响下,土壤MBC、MBN、MBP含量存在明显差异,表现为滩脊>背海侧>滩涂>向海侧。四个样地土壤MBC、MBN、MBP的变化范围分别在7.19～347.21 mg/kg,1.26～96.10 mg/kg,2.31～17.29 mg/kg之间。

如表4-2所示,土壤微生物生物量碳氮磷占土壤有机碳、全氮、全磷比例变化范围分别为1.09%～3.48%、2.62%～7.27%、0.78%～2.86%;变异系数分别为5.73～11.60、6.56～10.36、3.09～9.28。四个样地MBC/SOC、MBN/TN、MBP/TP所占比例趋势不同,MBC/SOC均值表现为滩涂>向陆侧>滩脊>向海侧;MBN/TN均值表现为向陆侧>滩脊>滩涂>向海侧;MBP/TP均值表现为滩脊>向陆侧>向海侧>滩涂。其中,向海侧MBC/SOC、MBN/TN最低。

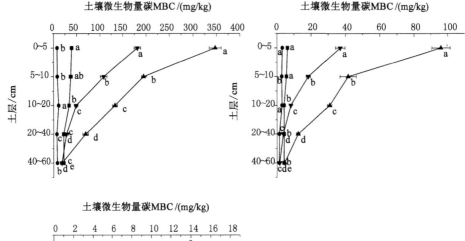

图 4-4　不同生态环境土壤微生物生物量碳、氮、磷的空间分布

表 4-2　土壤微生物生物量碳、氮、磷占土壤有机碳、全氮、全磷的比例

样地	微生物碳/有机碳/%				微生物氮/全氮/%				微生物磷/全磷/%			
	最小值	最大值	平均值	变异系数	最小值	最大值	平均值	变异系数	最小值	最大值	平均值	变异系数
滩涂	1.72	3.38	2.8	10.95	3.35	4.32	3.95	6.82	0.94	1.49	1.25	3.09
向海侧	1.09	2.00	1.58	11.60	2.62	5.00	3.93	6.56	0.78	1.78	1.26	9.28
滩脊	2.13	3.28	2.63	5.73	4.50	7.27	5.64	7.79	1.55	2.86	2.31	7.41
向陆侧	1.82	3.48	2.74	8.90	3.41	6.74	5.70	10.36	1.25	2.79	2.13	5.86

4.2.4.3　土壤微生物生物量碳、氮、磷的垂直分布特征

如图 4-4,随着土壤深度的增加,不同生境土壤微生物生物量碳、氮、磷含量变化趋势基本一致,均呈现出垂直分布特征,即:0～5 cm＞5～10 cm＞10～20 cm>20~40 cm>40~60 cm。其中,滩脊和向陆侧 MBC、MBN 含量在 0~60 cm 各土层上差异显著($P < 0.05$)。在土壤深度为 0~20 cm 时,滩脊和向陆侧出土壤 MBC、MBN 含量显著大于滩涂和向海侧。当土壤深度为 20~40 cm 时,滩脊处土壤 MBC、MBN 显著大于滩涂、向海侧和向陆侧土壤 MBC、MBN。四个样地的土壤 MBP 则相对稳定,在 0~20 cm 各土层间均差异显著($P < 0.05$),当土壤深度为 20~60 cm 时,各土层间均无显著性差异($P > 0.05$)。

4.2.4.4 土壤微生物生物量碳、氮、磷和土壤碳、氮、磷的相关性

如表 4-3,通过相关分析,不同生境中,滩脊、向陆侧和滩涂处土壤 MBC 和 MBN、MBC 和 MBP、MBN 和 MBP 之间均具有极显著正相关($P < 0.01$),表现出高度的协同性和稳定性。向海侧土壤 MBC 和 MBN 之间呈显著正相关($P < 0.05$),MBN 和 MBP 呈极显著正相关($P < 0.01$)。滩脊和向陆侧土壤 MBC、MBN、MBP 和 SOC、TN、TP 之间呈极显著正相关($P < 0.01$)。滩涂处土壤 MBC、MBN、MBP 和 TN、TP 之间呈极显著正相关($P < 0.01$),MBC 与 SOC 呈显著正相关($P < 0.05$)。向海侧 MBN、MBP 与 TN 呈极显著正相关($P < 0.01$),MBC、MBN、MBP 与 SOC、TP 无显著相关性($P > 0.05$)。

表 4-3　土壤微生物生物量碳氮磷与土壤有机碳、全氮和全磷的相关性

样地		有机碳	总氮	总磷	微生物生物量碳	微生物生物量氮	微生物生物量磷
滩涂	SOC	1					
	TN	0.583*	1				
	TP	0.336	0.833**	1			
	MBC	0.564*	0.757**	0.688**	1		
	MBN	0.462	0.943**	0.782**	0.743**	1	
	MBP	0.420	0.702**	0.718**	0.932**	0.680**	1
向海侧	SOC	1					
	TN	−0.336	1				
	TP	0.063	0.356	1			
	MBC	0.354	0.466	0.005	1		
	MBN	−0.278	0.961**	0.200	0.520*	1	
	MBP	−0.485	0.818**	0.294	−0.003	0.807**	1

样地		有机碳	总氮	总磷	微生物生物量碳	微生物生物量氮	微生物生物量磷
滩脊	SOC	1					
	TN	0.997**	1				
	TP	0.958**	0.966**	1			
	MBC	0.980**	0.983**	0.987**	1		
	MBN	0.987**	0.994**	0.967**	0.988**	1	
	MBP	0.941**	0.944**	0.981**	0.974**	0.949**	1
背海侧	SOC	1					
	TN	0.996**	1				
	TP	0.897**	0.906**	1			
	MBC	0.992**	0.993**	0.901**	1		
	MBN	0.992**	0.996**	0.896**	0.990**	1	
	MBP	0.924**	0.934**	0.972**	0.945**	0.929**	1

注：**表示相关性极显著（$P < 0.01$），*代表相关性显著（$P < 0.05$）。

4.2.4.5 不同生境土壤微生物生物量碳、氮、磷与土壤环境因子的关系

由表 4-4 所示，四个样地中，土壤 MBC、MBN、MBP 与 pH 值呈极显著负相关（$P < 0.01$）。滩脊和背海侧土壤 MBC、MBN、MBP 与含盐量、含水量和小于 0.1 mm 土壤粒径土壤呈显著或极显著正相关。滩涂土壤 MBC、MBN、MBP 与含水量呈极显著负相关（$P < 0.01$），土壤 MBC 与含盐量呈显著正相关（$P < 0.05$）。向海侧土壤 MBN、MBP 与含水量呈极显著正相关（$P < 0.01$）。

表 4-4　　　　　　　　　土壤微生物生物量与土壤环境因子相关性

样地		含盐量	pH 值	含水量	粒径					
					>2 mm	1～2 mm	0.5～1 mm	0.25～0.5 mm	0.1～0.25 mm	<0.1 mm
滩涂	MBC	0.607*	−0.688**	−0.901**	0.49	−0.454	−0.784	−0.455	0.36	−0.237
	MBN	0.593	−0.728**	−0.755**	0.662**	−0.339	−0.757**	−0.801	0.393	−0.656**
	MBP	0.473	−0.699**	−0.939**	0.402	−0.530*	−0.807**	−0.361	0.394	−0.092
向海侧	MBC	0.253	−0.214	0.470	0.448	0.468	0.669**	−0.589*	−0.51	0.118
	MBN	0.487	−0.865**	0.896**	0.976**	0.76	0.835**	−0.447	−0.703**	−0.703**
	MBP	0.434	−0.811**	0.794**	0.819**	0.528*	0.5	−0.216	−0.916**	−0.916**

滩脊	MBC	0.983**	−0.919**	0.533*	−0.646**	−0.797**	−0.930**	−0.711**	0.109	0.986**
	MBN	0.991**	−0.92**	0.570*	−0.641*	−0.778**	−0.887**	−0.662**	0.071	0.972**
	MBP	0.962**	−0.943**	0.525*	−0.753	−0.883**	−0.972**	−0.619*	0.283	0.990**
背海侧	MBC	0.733**	−0.915**	0.752**	−0.152	−0.046	−0.151	−0.315	−0.766	0.849**
	MBN	0.770**	−0.894**	0.733**	−0.224	−0.126	−0.23	−0.311	−0.729	0.560*
	MBP	0.731**	−0.973**	0.586**	0.035	0.059	−0.109	−0.574	−0.898**	0.933**

注:** 表示相关性极显著($P < 0.01$),* 代表相关性显著($P < 0.05$)。

4.3 讨论

在陆地生态系统中,植物营养元素的吸收、枯枝落叶及其分解和微生物 C、N、P、K 的转换均能够持续补充营养物质含量并减少由于淋溶和侵蚀引起的养分损失(Grierson et al.,1999)。土壤氮素的输入量主要与植物残体的归还量和生物固氮密切相关,也有少部分来源于大气沉降(李忠佩,王效举,2000)。自然界中的 P 素主要来源于成土母质,其含量主要受土壤类型和气候条件的影响(戎郁萍等,2001)。在研究区内,土壤全氮、全磷含量均值分别为0.26g/kg、0.27 g/kg,与屈凡柱等(2017)在黄河三角洲芦苇湿地相比,土壤全氮、全磷含量较低,主要是因为 4 个样地植被覆盖率差别较大,相对于滩涂裸地,滩脊、向海侧和向陆侧均有一定的植被覆盖,表层有一定程度的枯落物,但是黄河三角洲贝壳堤植被类型主要以低矮灌木和草本植物为主,枯落物归还量较小,这也是导致该研究区土壤全氮含量较低的重要原因。在 4 个样地中,和滩涂裸地相比,向海侧、滩脊和向陆侧含量均较高,表明该研究区土壤全磷含量不仅只受土壤母质的影响,还受到植被覆盖率的影响。

我国诸多学者对不同地区土壤中养分的变化规律进行了研究(谢莹等,2015;俞月凤等,2015;张友等,2016)。本研究中,土壤全氮、全磷、全钾含量在垂直方向:表层大于亚表层,这与罗先香等(2005)的研究结论一致。在季节动态变化上,土壤全氮、全磷含量在生长季初期(5月)较高,并且逐渐降低,生长季旺盛期(7月)显著降低,在生长季后期(9月)又有增大的趋势,这主要是由于黄河三角洲贝壳堤 9 月后期,植被陆续开始凋亡,从 10 月中下旬到来年 4 月,均出现无植被期,且该研究区物候期相对晚于内陆,直到 4 月下旬,植被大部分处于幼苗阶段,土壤表层枯落物经过 4 个多月的腐化分解,在 4~5 月,土壤养分含量较高,植物进入生长旺盛季节(7月)后,增加了对土壤全氮、全磷、全钾的吸收,造成了土壤中养分含量的显著降低,这一结论与陈为峰(2005)在黄河三角洲新生湿地的研究结论一致。研究表明,土壤养分主要受土壤母质、微地貌(小生境)、植被覆盖率等因素的影响。

在湿地生态系统中,不同微地形中土壤水分、pH 值、含盐量等环境因子的变化都可能引起土壤微生物生物量的变化,研究这些因子对土壤微生物生物量的影响极其重要(Bastida et al.,2008;Wong et al.,2008)。微生物生物量与土壤水分关系的研究报道较多,但至今仍无确定性结论。本研究结果表明,向海侧、滩脊、向陆侧区域土壤微生物生物量碳、氮、磷与土壤含水量呈显著或极显著正相关,这与 Bijayalaxmi 等(2006)、何荣等(2009)和赵彤等(2013)的研究结果一致,说明适宜的水分条件既满足了微生物生长的需求,也没有对土壤通气性造成阻碍,因此适合于微生物的生长繁殖。但滩涂区域土壤微生物生物量碳、氮、磷与土壤含水量呈现负相关,这可能是由于滩涂距离海洋较近,且地下水位很浅(<0.6 m),受到不规则半日潮的影响,交替性受到海水冲刷,潮汐作用减少了土壤氧气含量,造成阻碍从而影响微生物活性,这一结论也得到证实(Wang J et al.,2011;赵先丽等,2007;刘银银等,2012)。

在黄河三角洲贝壳堤,土壤含盐量和 pH 是反映土壤状况的重要参数。本研究中,除了向海侧微生物碳,4 个生境中的微生物生物量碳、氮、磷含量均与 pH 值呈显著或极显著相关,说明了土壤 pH 值的升高不利于土壤微生物的活性,从而导致微生物数量减少。目前,盐分对土壤微生物的影响仍然存在争议,Wong 等(2008)研究表明高盐条件下土壤微生物生物量是低盐条件下的 3 倍多;Tripathi 等(2006)、李玲等(2013)和操庆等(2015)研究表明高的含盐量反而抑制土壤微生物生物量。本研究中,盐度最低(1.63 g/kg)的向海侧区域土壤微生物生物量碳、氮、磷含量最低,含盐量较高(5.30~13.21 g/kg)的向陆侧、滩脊区域土壤微生物生物量碳、氮、磷含量达到较高水平,且该地的微生物生物量和含盐量呈显著正相关,这可能是由于滩脊和向陆侧区域表层土壤堆积丰富的有机物质,土壤通过增加水解有机质以此来降低高盐生境对微生物种群的胁迫。因此,土壤含水量、pH 值和含盐量均是贝壳堤影响土壤微生物生物量的限制性因子。

研究还发现,滩脊和向陆侧区域土壤微生物生物量碳、氮、磷含量与小于 0.1 mm 的极细沙呈极显著正相关($P < 0.01$),这可能跟该区域土壤所含的贝壳砂和盐土的比例有关,具体原因有待于进一步研究。

土壤微生物生物量是活的土壤有机质组分,在土壤有机质中不足 3%,但却为土壤中能量循环和养分转化提供了一定动力,其含量高而周转率较低时作为养分"库",含量低而周转率较高时作为养分"源"(Perelo et al.,2006)。土壤微生物生物量作为重要的调控土壤源和库的因子,其易受植被类型的影响。植被类型主要通过覆盖在土壤表面的枯落物层来改善微地形小气候,影响土壤养分含量,促进生态系统的养分循环速率(Fanin et al.,2013;sayer et al.,2006)。植被类型的变化导致凋落物产量和积累量不同,从而影响归还入土壤的养分含量。本研究中,植被覆盖度较高的滩脊(60%)和向陆侧(45%)地表有一定的枯落物层,枯落物层有利于蓄积雨水,减少土壤表层水分蒸发,为微生物的生长、繁殖提供了大量的碳源。微生物从土壤中吸取有机碳、氮、磷等养分作为自身营养需要,最终将土壤碳、氮、磷养分同化为微生物体碳、氮、磷,从而提高了滩脊和向陆侧土壤微生物量碳、氮、磷含量,表明滩脊和向陆侧对土壤微生物生物量的维持能力较强。

　　研究表明,土壤微生物量所占土壤养分的比例关系能够反映土壤养分向微生物量的转化效率和固碳能力大小(Marschner et al.,2003)。本研究中,土壤微生物生物量碳、氮、磷占土壤有机碳、全氮、全磷百分比变化范围分别为1.09%~3.48%、2.62%~7.27%、0.78%~2.86%,与已有研究结果0.65%~7.24%、0.93%~7.41%、0.16%~7.6%相一致(Bijayalaxmi et al.,2006;彭佩钦,2006;赵彤,2013)。本书研究结果表明滩脊、向陆侧和滩涂处MBC/SOC无显著差异,但显著高于向海侧MBC/SOC。土壤MBN/TN、MBP/TP的变化趋势为滩脊、向陆侧>向海侧和滩涂,这可能与植被覆盖度以及输入有机物质和养分的数量有关,造成不同微地形微生物种类和数量差异,导致不同微地形微生物生物量之间差异。同时,不同微地形间的有机质积累和分解速率也会影响土壤中氮磷含量。滩脊、向陆侧植被覆盖度较高,占45%以上,主要分布着地上生物量很大的酸枣、芦苇、蒙古蒿、碱蓬、盐地碱蓬等植被,而向海侧则植被度盖度较低,仅占5%左右,且生长的砂引草和蒙古鸦葱地上生物量较小,这也直接导致了滩脊和向陆侧输入土壤有机物质的数量和质量要优于向海侧和滩涂区域,且滩脊和向陆侧土壤微生物活性和土壤微生物量较高,促进了土壤有机质的分解和转化,因此MBN/TN和MBP/TP高于向海侧和滩涂。

　　本研究发现,随着土壤深度的增加,4个样地的微生物碳、氮、磷和土壤有机碳、全氮、全磷均呈现下降趋势,这一结果和与张静等(2014)的研究结论相符。除了向海侧微生物生物量碳与磷外,不同微地形间土壤微生物生物量碳、氮、磷之间均呈现显著或极其显著相关,这与赵彤等(2013)的研究结果一致,同时也说明了土壤微生物本身的生物量大小决定土壤微生物对氮素、磷素的转化和固持能力(何振立等,1997)。滩脊和向陆侧土壤微生物生物量碳、氮、磷含量均与土壤有机碳、全氮、全磷之间具有显著相关性,且协同性和稳定性高,这与吴建平(2016)等和张海燕等(2006)的结果一致,表明土壤微生物生物量碳、氮、磷含量可以作为判断不同微地形间土壤肥力状况的生物学指标。

第二篇

黄河三角洲贝壳堤植被恢复技术

黄河三角洲的无棣、沾化海岸五六千年以来成陆过程中形成的贝壳堤,无论是从其沉淀规模、动态类型,还是从所含环境信息等方面来讲,都属于西太平洋各边缘海之罕见,与美国路易斯安那州和苏里南国的贝壳堤并称为世界三大古贝壳堤,而且是世界上规模最大、唯一的新老并存的贝壳堤。该地区既是东北亚内陆和环西太平洋鸟类迁徙的中转站和越冬、栖息、繁殖地,也是研究黄河变迁、海岸线变化、贝壳堤岛形成等环境演变以及湿地类型的重要基地,在我国海洋地质、生物多样性和湿地类型研究中有着举足轻重的地位和保护价值(田家怡等,2011)。

　　近20多年来,由于平岛挖砂、乱砍滥伐等人类活动急剧增加,贝壳堤脆弱生态系统受到严重破坏,主要表现在面积锐减,生物多样性降低。由此可见,黄河三角洲贝壳堤岛植被恢复工作迫在眉睫。干旱和盐渍化是限制黄河三角洲贝壳堤岛植被恢复的重要因素,筛选抗旱、耐盐的植物种类是进行植被恢复的前提。

1 植物抗旱性研究进展

　　植物耐旱性研究始终是植物学领域研究的热点。近年来,随着实验仪器设备、检测手段的发展,植物抗旱性研究的内容在不断丰富,从种子萌发到幼苗生长发育各个阶段,都已经形成了相对稳定的研究内容和测定指标。植物对干旱胁迫响应方面的研究很多,本书仅对种子萌发期的抗旱性,苗期水分平衡与渗透调节、抗氧化防御系统和膜质过氧化、干旱胁迫与植物的光合响应等几个方面作简单阐述。

1.1　种子萌发期的抗旱性

　　种子萌发是植物生活史中最关键的环节,在干旱胁迫条件下种子能否顺利萌发生长,是植物耐旱特性的重要方面。近年来,有关干旱胁迫与种子萌发方面的研究主要集中在探索干旱胁迫下,种子相对萌发率、种子萌发抗旱指数、活力指数、幼苗生长等指标的变化。例如,苏绣红等(2005)用不同渗透势的 PEG (6000)溶液模拟干旱胁迫条件,通过相对发芽率、萌发抗旱指数、活力指数 3 个指标,研究了 14 个不同地理种群紫茎泽兰的耐旱能力,并采用模糊隶属法对 14 个不同种群的耐旱性进行综合评价,结果表明,LP、PZH、YJ 种群较为耐旱。曾彦军等(2002)以不同渗透势的 PEG(6000)溶液为模拟干旱胁迫条件,研究了柠条、花棒和白沙蒿种子发芽、幼苗生长和累积吸水率对干旱胁迫的响应,讨论了参试种子发芽特性、初生根长度与幼苗建植成活率的关系。朱教君等(2005)以引种区沙地樟子松种子为材料,观测了 PEG(6000)模拟水分胁迫对沙地樟子松种子萌发的影响,结果表明,种子的发芽率、发芽指数、发芽势等随胁迫强度的增加呈现明显下降趋势。这些研究为植物种子育苗和探索植物生存能力提供了依据。

1.2　水分平衡与渗透调节

　　植物体内水分平衡是植物正常代谢的基本条件。在干旱胁迫条件下,植物体内水分平衡参数,如:水分饱和亏缺、自由水和束缚水含量、水势变化,保水力等会受到严重影响。植物往往通过渗透调节作用,如增加可溶性糖、脯氨酸、可溶性蛋白、无机离子等的含量来应对外界的干旱环境(Ranney et al.,1991;Wang et al.,1992)。近年来,围绕植物体内水分平衡参数、渗透调节与干旱胁迫关系进行了很多研究。杨建伟等(2002)在盆栽条件下对杨树、沙棘进行了3种土壤水分处理,研究结果表明:沙棘的叶含水率在同一土壤水分下比杨树高,而水势低,说明沙棘叶的抗旱保水能力强于杨树。孙国荣等(2001)研究发现,在土壤干旱胁迫进程中,白桦实生苗叶片的自然含水量呈下降趋势;相对含水量总的变化趋势与自然含水量相同;束缚水含量及束缚水/自由水比值显著升高;可溶性蛋白质的含量呈现减少趋势,可溶性糖含量增加。王海珍等(2004)以黄土高原4个乡土树种的幼苗为试验材料,采用盆栽方式模拟土壤干旱环境,研究土壤干旱对不同树种水分代谢与渗透调节物质的影响,结果表明,在干旱胁迫条件下,白刺花以保持高水势、减少组织水分散失和增加渗透调节物质来提高细胞原生质浓度,增强其抗旱性。孙存华等(2005)对盆栽藜研究发现,在干旱胁迫下,藜的叶片相对含水量、自由水含量下降,束缚水含量上升;可溶性糖、脯氨酸、K^+、Ca^{2+}含量增加,反映藜对适度干旱有一定的适应性。从上面的研究可以看出,干旱胁迫导致了水分平衡参数的失衡,植物通过渗透调节作用,增加细胞内膨压,调节水势变化,增强植物的吸水和保水能力,但干旱一旦超过植物自身的调节能力,将导致水分代谢的紊乱,植物将面临死亡的威胁。

1.3　抗氧化防御系统和膜质过氧化

　　在通常情况下,植物体内产生的活性氧不足以使植物受到伤害,因为植物体内有一套行之有效的抗氧化系统(王宝山,1988)。植物体内抗氧化防御系统是由酶促防御系统与非酶促防御系统组成。超氧化物歧化酶(SOD)、过氧化物酶(POD)、过氧化氢酶(CAT)是酶促防御系统的三种重要保护酶,三者协同作用可使自由基维持在较低水平,从而避免膜伤害(王邦锡等,1992;Mishra et al.,1993)。如果植物遭受严重的干旱胁迫,活性氧的产生和抗氧化系统之间的平衡体系就被破坏,从而损伤膜的结构和抑制酶的活性,引起膜质过氧化程度的增加(Gigon et al.,2004)。丙二醛(MDA)是膜质过氧化的主要产物,其含量的高低

反映着膜质过氧化的强弱和受伤害程度（Dhindsa et al.，1981）。张文辉等
（2004）对 4 个栓皮栎种源的 3 年生盆栽幼苗进行了控制条件下的土壤干旱胁迫
实验，发现黄龙种源抗氧化能力最强，丙二醛含量最低。孙存华等（2005）对藜研
究发现，随着干旱胁迫的增加，保护酶活性先升高后下降，酶活性的下降，导致丙
二醛的大量增加。陈有强等（2000）对芒果盆栽苗进行土壤干旱胁迫实验，发现
在轻度和中度水分胁迫时 SOD，CAT 和 POD 的活性均随干旱胁迫的增强而提
高，而在重度水分胁迫时，都出现了下降的趋势；丙二醛则随干旱胁迫的增强一
直上升。孙国荣等（2003）对白桦的研究表明，在适度胁迫下，SOD 活性升高，而
在重度胁迫时，SOD 活性显著下降，CAT 和 POD 在胁迫前期活性均下降，只是
在后期 CAT 活性上升，MDA 则一直上升。由此可见，植物的抗氧化防御系统
和膜质过氧化反映了干旱胁迫下植物自身清除活性氧的能力和细胞受损伤的程
度，和植物的抗旱性密切相关，越来越受到人们的重视。

1.4　干旱胁迫与植物的光合响应

干旱胁迫对植物光合作用的影响虽然有许多方面，但近年来研究的热点主
要集中在光合色素含量变化、气体交换特征、叶绿素荧光动力学分析等。井春喜
等（2003）在盆栽条件下比较了不同耐旱性品种在拔节后，在不同程度水分胁迫
下叶片的多种生理参数，发现在水分胁迫下，4 个品种叶片的叶绿素 a、叶绿素 b
和叶绿素总量下降；在轻度水分胁迫下，耐旱性强的品种定西 24 和高原 671 叶
片的类胡萝卜素含量上升，在严重水分胁迫下，4 个品种的叶片类胡萝卜素含量
明显下降。郭卫华等（2004）对中间锦鸡儿进行人工模拟干旱胁迫实验，结果表
明，不同的水分处理显著影响净光合速率、气孔导度、蒸腾速率、资源利用效率；
适度的干旱胁迫能够提高中间锦鸡儿的水分利用效率和抗旱性，同时也降低了
净光合速率与蒸腾速率。张光灿等（2004）通过测定黄土高原半干旱地区 10 年
生金矮生苹果叶片气体交换参数与土壤水分的定量关系，发现金矮生苹果叶片
的净光合速率、蒸腾速率、水分利用效率、气孔导度、细胞间隙 CO_2 浓度和气孔
限制值对土壤水分的变化具有明显不同的阈值反应。付士磊等（2006）采用
PEG 模拟干旱胁迫的方法，利用气体交换法和叶绿素荧光技术，研究了干旱胁
迫下小青杨的光合生理变化，结果表明，干旱胁迫初期，小青杨的净光合速率
（P_n）、蒸腾速率（T_r）、气孔导度（G_s）和胞间 CO_2 浓度（C_i）值均随干旱胁迫
增强而下降，杨树 P_n 的下降主要是由于 G_s 下降引起的；干旱胁迫后期，C_i 值逐
渐升高，非气孔限制成为光合作用的主要限制因子；干旱胁迫后期，PSⅡ原初光
能转化效率（F_v/F_m）和 PSⅡ潜在活性（F_v/F_o）明显下降，光抑制增强，光合电

子传递受阻。何军等(2004)研究了水分胁迫对牛心朴子叶片光合色素及叶绿素荧光动力学参数的影响,结果表明,在长期的水分胁迫中,牛心朴子叶片的叶绿素 a 含量、叶绿素 b 含量和类胡萝卜素含量没有下降或下降不明显,直到处理末期才显著下降;叶片叶绿素荧光动力学参数 F_o、F_m、F_v、F_v/F_m 变化不大,在处理末期各处理 Fo 降低,轻度、重度水分胁迫的 F_m、F_v、F_v/F_m 升高。上述研究多是对光合色素含量变化、气体交换特征、叶绿素荧光动力学的一个方面或两个方面进行研究,对这三方面综合研究,将对干旱胁迫下植物的光合响应机理有更深入的了解。

2 种子萌发期沙枣和孩儿拳抗旱性研究

　　种子萌发期是种子植物生活史中的关键阶段,也是进行植物抗旱性研究的重要时期。研究种子萌发期的抗旱性,对阐明植物抗旱潜力有重要意义。对植物种子进行耐旱实验,有多种方法,其中用 PEG 模拟干旱胁迫是常用方法之一。PEG 模拟干旱胁迫的基本原理是通过降低溶液渗透势,形成对种子吸水的胁迫,再在不同胁迫条件下观察种子萌发率,种子萌发期抗旱指数,幼苗鲜重,活力指数等,进而分析种子的萌发特性,综合评价种子萌发期抗旱性(于卓等,1997;曾彦军等,2002;苏绣红等,2005)。本研究采用 PEG 模拟干旱胁迫方法,建立干旱胁迫梯度,定期观察沙枣(Elaeagnus angustifolia L.)和孩儿拳[Grewia. biloba G. Don var. parviflora (Bge.) Hand.－Mazz.]种子萌发过程中的有关参数,分析其抗旱指标,目的是阐明沙枣和孩儿拳种子在不同干旱胁迫条件下萌发特性、探索耐旱极限,评价二者种子萌发期的抗旱特性。

2.1 材料与方法

2.1.1 实验材料

　　沙枣和孩儿拳头种子均在种子成熟季节采集。实验前选取饱满、大小均匀的种子备用。实验所用 PEG-6000 由天津市光复精细化工研究所生产。

2.1.2 胁迫方法

　　种子萌发期胁迫实验在培养皿中进行。用置入 2 层纱布和 1 层滤纸的培养皿(直径 10 cm)做发芽床,每皿分别移入 7 mL 1/2 Hoagland 溶液配制的 5%、10%、15%、20%、25%的 PEG-6000 溶液(g/g),对应的渗透势大约为－0.054 MPa、－0.177 MPa、－0.393 MPa、－0.735 MPa、－1.25 MPa(Michel et al.,1973)。种子经 0.01% $HgCl_2$ 消毒 10 min,蒸馏水冲洗干净,然后放入发芽床中,每一发芽床摆放 25 粒种子,每个处理 4 次重复,用 1/2 Hoagland 溶液作对照,2 d 更换一次发芽床。将培养皿置于 SPX－250 IC 人工气候箱内,恒温 25 ℃,相对湿度 60％,连续黑暗培养 8 d。

2.1.3　测定方法

种子萌发以种子露白为标志,从种子放入发芽床起,每天定时记录每个培养皿内种子萌发数,萌发结束后(萌发末期连续 3 d 萌发粒数不足供试种子总数的 1％),测定全部幼苗鲜重,胚根长度。计算:

总萌发率(％)＝$\frac{n}{N}$×100％

式中,n 为总萌发种子数,N 为供试种子总数(孙时轩,1992)。

逐日萌发率(％)＝$\frac{m}{N}$

式中,m 为每天萌发种子数,N 为供试种子总数。
活力指数 (I_v)$I_v = S \times G_i$

其中,萌发指数 $G_i = \sum \frac{G_t}{D_t}$,($G_t$ 为时间 t 日的萌发数,D_t 为相应的萌发天数),S 为胚根长度(郑光华,2004)。

种子萌发抗旱指数＝干旱胁迫下种子萌发指数/对照种子萌发指数
其中,种子萌发指数＝$1.00R_d2 + 0.75R_d4 + 0.5R_d6 + 0.25R_d8$
R_d2,R_d4,R_d6,R_d8 分别为 2 d、4 d、6 d、8 d 的种子萌发率)(Bouslama et al.,1984)。

各种相对指标都是处理和对照的比值。本章图表中的数据均是 4 次重复的平均值。

2.1.4　数据分析

用 SPSS 13.0 分别对同一物种不同干旱胁迫下的总萌发率、幼苗鲜重、种子萌发期抗旱指数、活力指数等进行统计分析,计算每一重复平均数,对不同胁迫水平之间进行单因素方差分析和 Duncan 多重比较。

2.2　结果与分析

2.2.1　干旱胁迫下沙枣和孩儿拳种子萌发率的变化

干旱胁迫对萌发率、种子萌发速度等有着明显的影响,极度干旱将导致种子不萌发或者死亡。图 2-1 展示了沙枣和孩儿拳的种子萌发率与干旱胁迫的关系。从图中可以看出,随着干旱胁迫的加剧,两种植物萌发率产生了不同响应。从总萌发率来看,孩儿拳总萌发率对干旱胁迫相对比较敏感,各 PEG 浓度处理和对照均有显著差异($P \leqslant 0.05$,下同),PEG 20%胁迫下,萌发率只有 5%,比对照下降了 73%;而沙枣在 PEG 5%、PEG 10%干旱胁迫下和对照差异不明显,干旱胁迫继续加剧后才和对照有显著差异,在 PEG 20%胁迫下,萌发率仍然达到 40%,但在 PEG 25%胁迫下二者均完全不萌发,这说明干旱胁迫严重时,完全抑制了二者的种子萌发。

在同等干旱胁迫条件下,相对萌发率可以从一个侧面客观地反映其种子萌发期相对耐旱性,相对萌发率越大的物种抗旱性越强(薛慧勤等,1997)。从图 2-1 可以看出,随着干旱胁迫的增加,两物种相对萌发率均逐渐下降,但同等干旱条件下沙枣相对萌芽率总是明显高于孩儿拳,并且随着胁迫加剧,两者差距也在扩大。这表明,沙枣抗旱性强于孩儿拳,并且干旱胁迫越是严重沙枣优势越明显。

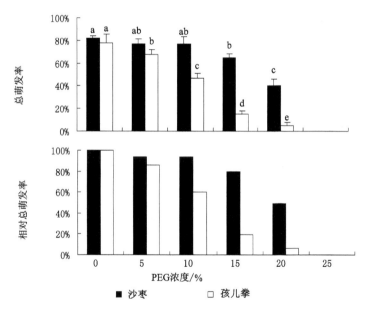

图 2-1　干旱胁迫对沙枣和孩儿拳总萌发率和相对总萌发率的影响

将沙枣和孩儿拳不同干旱胁迫条件下每天的萌发率进行统计,得到图 2-2,从图中可以看出,两物种逐日萌发率均呈单峰曲线,在 PEG 10%、PEG 15%胁迫下,单峰曲线的峰值下降幅度较小,但随着干旱胁迫加剧,两者单峰曲线的峰值下降幅度增大,孩儿拳受干旱胁迫的影响尤为明显。

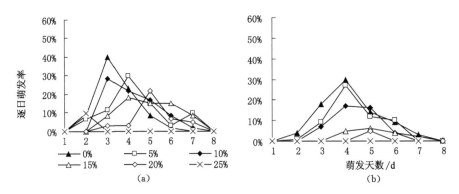

图 2-2　干旱胁迫对沙枣和孩儿拳种子逐日萌发率的影响

（a）沙枣；（b）孩儿拳

2.2.2　干旱胁迫对沙枣和孩儿拳幼苗鲜重的影响

在一定程度的干旱胁迫条件下，植物种子能够萌发，但胁迫会导致萌发过程迟缓和生长发育不良等现象。图 2-3 展示了干旱胁迫对沙枣和孩儿拳幼苗鲜重和相对幼苗鲜重的影响。从图中可以看出，沙枣和孩儿拳的幼苗鲜重均随着干旱胁迫程度的加剧而下降，沙枣下降速率比较平缓，孩儿拳下降速度较快。在PEG 浓度相差小时，沙枣幼苗鲜重差异不大；而孩儿拳在同样条件下差异显著，这说明沙枣对干旱胁迫的敏感程度要弱于孩儿拳。

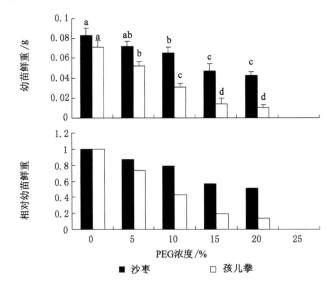

图 2-3　干旱胁迫对沙枣和孩儿拳幼苗鲜重和相对幼苗鲜重的影响

在干旱胁迫下,植物幼苗鲜重减少越少,该植物的抗旱性就越强(朱选伟等,2005)。但不同物种进行抗旱性比较,用相对幼苗鲜重比较合理。两物种相比,干旱胁迫下,孩儿拳幼苗鲜重减少的较大,在一定程度上反映了沙枣抗旱性强于孩儿拳。

2.2.3　干旱胁迫对沙枣和孩儿拳种子萌发期抗旱指数的影响

种子萌发期抗旱指数是评价植物耐旱的重要指标。图 2-4 是沙枣和孩儿拳不同干旱胁迫下的种子萌发抗旱指数,从图中可以看出,随着干旱胁迫的加剧,两物种的抗旱指数产生了不同响应。沙枣抗旱指数先增高后下降,在 PEG 5％时最高为 1.15,在下降过程中,经历了一个平台期;孩儿拳的抗旱指数一直下降,在 PEG 15％时,下降幅度最大。同等干旱胁迫条件下,孩儿拳种子萌发抗旱指数均明显低于沙枣。统计分析表明:沙枣 PEG 10％和 PEG 15％差异不显著,其他处理和对照及各处理间差异显著;孩儿拳各处理和对照及各处理间差异显著。苏秀红等(2005)用抗旱指数对不同种群紫茎泽兰进行种子萌发的抗旱性比较,证明抗旱指数越大,物种抗旱性越强。沙枣在不同的干旱胁迫水平上,种子萌发抗旱指数均高于孩儿拳,表明沙枣抗旱性强于孩儿拳。

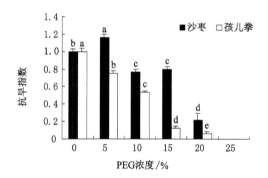

图 2-4　干旱胁迫对沙枣和孩儿拳种子萌发抗旱指数的影响

2.2.4　干旱胁迫与沙枣和孩儿拳种子活力指数的关系

表 2-1 是不同干旱胁迫下,沙枣和孩儿拳种子活力指数与干旱胁迫的关系,从表中可以看出,随着干旱胁迫的加剧,两物种的活力指数(I_v)都持续下降,但下降幅度不同。沙枣 I_v 在 PEG 5％、10％、15％分别比对照下降了 23％、34％、69％,在 PEG20％时,I_v 仍为对照的 17％,统计分析表明,除了 PEG 5％和 PEG 10％差异不显著外,其他处理和对照及各处理之间差异均显著。孩儿拳 I_v 在

PEG 5％、PEG 10％、PEG 15％分别比对照下降了 25％、49％、78％,在 PEG 20％时,I_v 为仅对照的 13％,统计分析表明,除了 PEG 15％和 PEG 20％差异不显著外,其他处理和对照及各处理之间差异均显著。从上面分析可以看出,干旱胁迫对孩儿拳 I_v 的影响比对沙枣 I_v 的影响大些,表明沙枣抗旱性强于孩儿拳。

表 2-1　　　　　　干旱胁迫对沙枣和孩儿拳种子活力指数的影响

活力指数	PEG 浓度					
	0％	5％	10％	15％	20％	25％
沙枣	42.1±1.95a	32.4±0.84b	28.0±1.13b	13.1±0.42c	6.97±0.60d	⋯
孩儿拳	21.4±1.18a	16.1±1.03b	10.83±0.95c	4.63±0.02d	2.74±0.02d	⋯

注:表中同行各处理结果间标有不同字母表示差异显著($P \leqslant 0.05$),下同;"⋯"表示种子未萌发。

2.3　讨论

在干旱胁迫下,沙枣和孩儿拳的相对萌发率、种子萌发期抗旱指数、活力指数、相对幼苗鲜重均随着干旱胁迫的加剧呈下降趋势,但同等干旱条件下,沙枣各抗旱指标总是明显高于孩儿拳,并且随着胁迫加剧,两者差距也在扩大。从逐日萌发率来看,两种植物种子均呈现逐渐萌发,这可能是它们对外界干旱环境的适应,为物种生存延续争取更多的机会(Gutterman,1993)。

相对萌发率(薛慧勤等,1997)、种子萌发期抗旱指数(徐明慧等,2003)、活力指数(Falleri,1994)在鉴定不同植物种子萌发抗旱性方面得到了广泛应用,植物相对幼苗鲜重在一定程度上也反映了植物种子萌发期的抗旱性强弱(朱选伟等,2005)。这四个指标与植物种子萌发期的抗旱性正相关,其值越大,表明抗旱性越强。

在本研究中,沙枣的相对萌发率、种子萌发期抗旱指数、活力指数、相对幼苗鲜重均大于孩儿拳,表明沙枣种子萌发期的抗旱性强与孩儿拳,沙枣和孩儿拳种子萌发的最低渗透势分别为−0.735 MPa 和−0.393 MPa。从种子萌发期的抗旱性方面来看,沙枣和孩儿拳均有引种成功的可能性,有进一步进行苗期抗旱性研究的价值。

3 干旱胁迫下沙枣和孩儿拳的水分平衡与渗透调节

植物体内的水分常以束缚水和自由水两种状态存在。在干旱胁迫下,植物体内自由水一部分向束缚水转化,一部分在外界干旱条件下流失了,植物自然饱和亏以及需水程度增大。在此种情况下,植物往往通过渗透调节物质对植物组织的水势进行调节,以保证自身能从外界水势变低的介质中继续吸水,维持自身的生理功能(孙国荣等,2001;Moran et al.,1984)。植物用于渗透调节的物质主要有两类,一是从外界环境进入细胞的无机离子,二是细胞自身合成的有机溶质,如可溶性糖、可溶性蛋白质、脯氨酸等(Guicherd et al.,1997)。有机溶质作为渗透调节物质已经受到广泛重视,这是因为有机溶质是植物合成的,能在逆境下发生显著变化(马成仓等,2004)。许多研究表明,随着干旱胁迫的增加,可溶性糖、脯氨酸会大量的积累,通过渗透调节作用来维持细胞一定的含水量和膨压势,从而增强植物的抗旱能力(Bianchi et al.,1991;Hakimi et al.,1995;Singh et al.,1972)。本研究通过测定沙枣和孩儿拳干旱胁迫条件下水分平衡参数和渗透调节物质含量,来探讨两物种水分平衡和渗透调节对干旱胁迫的响应。

3.1 材料与方法

3.1.1 实验材料

选取发育健康、大小一致的 2 年生沙枣、孩儿拳幼苗各 30 株进行盆栽。盆直径为 40 cm,高为 45 cm,每盆装土 15 kg,土壤有机质 6.82 g/kg,速效氮 37.62 mg/kg,速效磷 19.73 mg/kg,速效钾 98.21 mg/kg,含盐量 0.12%。对盆栽苗定期浇水、松土。

3.1.2 胁迫方法

实验用土的田间饱和持水量为 32%。土壤含水量以水的重量占干土重量的百分数表示。选取长势正常一致的沙枣和孩儿拳盆栽苗各 12 盆进行土壤干旱胁迫实验,设对照(CK),土壤含水量为 25.6%~27.2%,轻度干旱胁迫(T₁),土壤含水量为 19.2%~20.8%,中度干旱胁迫(T₂),土壤含水量为 12.8%~14.4%,重度干旱胁迫(T₃),土壤含水量为 6.4%~8.0%,4 个处理,每一处理 3 次重复(杨敏生等,1999;Hsiao,1973)。通过自然失水到预定胁迫条件后,每天用称重法补充损失的水分,使其维持在各预定胁迫条件。胁迫期间,自然光照,盆栽苗上方设防雨棚,降雨前用防雨棚遮盖。

3.1.3 测定方法

在胁迫 30 天后选取枝上部健康完全展开的叶片(枝顶端往下 3~5 片),对相关指标进行测定,每一指标的测定 3 次重复,本章图表中的数据均是 3 次重复的平均值。

叶片水分饱和亏缺的测定参照张志良(1990)的方法。

$$自然饱和亏(\%) = \frac{W_t - W_f}{W_t - W_d} \times 100\%$$

$$临界饱和亏(\%) = \frac{W_t - W_c}{W_t - W_d} \times 100\%$$

$$需水程度(\%) = \frac{自然饱和亏}{临界饱和亏} \times 100\%$$

其中,W_t 为饱和鲜重,W_f 为自然鲜重,W_c 为临界鲜重,W_d 为干重。

叶片中自由水和束缚水含量的测定参照张志良等(2003)的方法。

$$自由水含量(\%) = \frac{B(B_1 - B_2)}{B_2 \times W_f} \times 100\%$$

$$束缚水含量(\%) = 叶片含水量(\%) - 自由水含量(\%)$$

其中,B 为加入样品中蔗糖的质量,B_1 为原蔗糖溶液浓度百分数,B_2 为加入样品后蔗糖溶液浓度百分数,W_f 为样品鲜重。

叶片水势的测定用阿贝折射仪法。

$$\Psi_{叶片} = \Psi_{out} = -icRT$$

式中:$\Psi_{叶片}$ 为叶片水势(-MPa);Ψ_{out} 为外界溶液渗透势;i 为解离系数,蔗糖为 1;c 为前后两次测定其折光系数不变或变化很小的试管中的蔗糖浓度(mol/L);R 为摩尔气体常数,$R = 0.083 \times 10^5 \text{J}/(\text{mol} \cdot \text{K})$;$T$ 为实验温度(张志良等,2003)。

脯氨酸的提取:取叶片 0.2 g,用 3% 的磺基水杨酸溶液研磨,将匀浆液全部转入到 7 mL 离心管中,加入 0.25 g 人造沸石,在沸水浴中提取 10 min,冷却后,离心 10 min(3 000 r/min),取上清液到 25 mL 容量瓶中,用 3% 磺基水杨酸定容至刻度,即为脯氨酸的提取液。测定参照李合生(2000)和张志良等(2003)的方法。

可溶性蛋白的提取:取 0.3 g 叶片切段,置于预冷的研钵中,加适量的预冷的 50 mmol/L 磷酸缓冲液(含 1％ PVP,PH 7)及少量石英砂,在冰浴中研磨成匀浆,将匀浆液全部转入到 15 mL 离心管中。于 2～4 ℃,12 000 g 离心 20 min,上清液转入 25 mL 容量瓶中,沉淀用 5 mL 磷酸缓冲液再提取 2 次,上清液并入容量瓶中,定容到刻度,4 ℃下保存备用。(李柏林等,1989;朱广廉等,1990;刘祖祺等,1994)。测定用考马斯亮蓝 G－250 染色法(张志良等,2003)。

可溶性总糖提取:将叶片在 110 ℃烘箱中烘 15 min,然后调至 70 ℃过夜。干叶片磨碎后称取 50 mg 倒入 10 mL 离心管内,加入 4 mL 80％酒精,置于 80 ℃水浴中不断搅拌 40 min,离心,收集上清液,其残渣加 2 mL％酒精重复提 2 次,合并上清液。在上清液中加 10 mg 活性炭,80 ℃脱色 30 min,定容至 10 mL,过滤后取滤液测定。吸取滤液 1 mL,加入 5 mL 蒽酮试剂混合,沸水浴煮 10 min,取出冷却。在 625 nm 处测 OD 值。从标准曲线上得到提取液中糖的含量(张志良等,2003)。

3.1.4 数据分析

用 SPSS 13.0 分别对同一物种不同干旱处理的水分平衡参数和渗透调节物质进行统计分析,对不同胁迫水平之间进行单因素方差分析和 Duncan 多重比较。

3.2 结果与分析

3.2.1 土壤干旱胁迫与沙枣和孩儿拳水分饱和亏的关系

自然饱和亏是指植物组织的自然含水量与饱和含水量两值之差。常以差值占饱和含水量的百分数表示之,差值愈大,表示植物体内水分亏缺愈严重。临界饱和亏是指植物的饱和含水量与临界含水量两值之差,常以该差值占饱和含水量之百分数表示之,此值愈大,表示植物抗脱水能力愈强。需水程度为自然饱和亏和临界饱和亏比值(张志良,1990)。表 3-1 展示了土壤干旱胁迫与沙枣和孩儿拳水分饱和亏的关系。由表中可以看出随着土壤干旱胁迫程度的加重,沙枣和孩儿拳叶片的自然饱和亏、临界饱和亏和需水程度均逐渐增加。沙枣在 T_1、T_2、T_3 胁迫下的自然饱和亏分别为 8.5％、9.3％、11.7％,比 CK 增加了 28％、40％、76％,统计分析表明:各处理和 CK 及各处理间差异均显著;孩儿拳各处理自然饱和亏分别为 12.4％、14.9％、19.0％,比 CK 增加了 9％、30％、66％,统计分析表明:除 CK 与 T_1 差异不显著外,其他处理和 CK 及各处理间差异均显著。

表 3-1   土壤干旱胁迫对沙枣和孩儿拳水分饱和亏的影响

物种	处理	自然饱和亏/%	临界饱和亏/%	需水程度/%
沙枣	CK	6.7d	54.5c	12.2c
	T_1	8.5c	54.6c	15.6b
	T_2	9.3b	58.9b	15.8b
	T_3	11.7a	64.6a	18.1a
孩儿拳	CK	11.5c	70.3d	16.3c
	T_1	12.4c	73.1c	17.0c
	T_2	14.9b	75.7b	19.7b
	T_3	19.0a	80.3a	23.6a

沙枣在 T_1、T_2、T_3 胁迫下的临界饱和亏分别为 54.6%、58.9%、64.6%，T_1 与 CK 基本一致，T_2、T_3 比 CK 增加了 8.1%、18.6%，统计分析表明：CK 与 T_1 差异不显著，其他处理和 CK 及各处理间差异均显著；孩儿拳各处理临界饱和亏分别为 73.1%、75.7%、80.3%，比 CK 增加了 4.1%、7.7%、14.3%，统计分析表明：各处理和 CK 及各处理间差异均显著。

沙枣在 T_1、T_2、T_3 胁迫下的需水程度分别为 15.6%、15.8%、18.1%，比 CK 增加了 27%、29%、48%，统计分析表明：T_1 与 T_2 差异不显著，T_3 和 CK 及各处理间差异均显著；孩儿拳各处理需水程度分别为 17.0%、19.7%、23.6%，比 CK 增加了 4.2%、20.7%、45.1%，统计分析表明：除 CK 与 T_1 差异不显著外，其他处理和 CK 及各处理间差异均显著。

3.2.2   土壤干旱胁迫对沙枣和孩儿拳自由水和束缚水含量的影响

不同干旱胁迫下，沙枣和孩儿拳叶片中的自由水含量和束缚水含量如表 3-2 所示，从表中可以看出随着土壤水分的减少，两物种叶片中的自由水含量呈现减少趋势，束缚水含量和束缚水与自由水比值均呈现增加趋势。在 T_1、T_2 胁迫下，沙枣自由水含量比 CK 下降了 18%、31%，束缚水含量比 CK 增加了 11%、21%，束缚水与自由水比值增加了 35%、75%；孩儿拳自由水含量在 T_1 胁迫下略有增加，束缚水含量与束缚水与自由水比值也相应有所下降，在 T_2 胁迫下，自由水含量比 CK 下降了 16%，束缚水含量比 CK 增加了 8%，束缚水与自由水比值增加了 46%，在 T_3 胁迫下，沙枣和孩儿拳自由水含量分别降低为 11.9%、14.5%，比 CK 下降了 64%、50%，束缚水含量增加为 58.3%、50.1%，高出 CK 42%、18%，束缚水与自由水比值为 4.88 和 3.46。统计分析表明：沙枣自由水含量、束缚水含量、束缚水与自由水比值的 CK 与各处理及处理间差异均显著;孩儿拳 CK 与 T_1 不显著,其他处理和 CK 及处理间差异显著。

表 3-2　　　土壤干旱胁迫对沙枣和孩儿拳自由水和束缚水含量的影响

物种	处理	自由水含量/%	束缚水含量/%	束缚水/自由水
沙枣	CK	32.9a	41.0d	1.24d
	T_1	27.1b	45.8c	1.69c
	T_2	22.8c	49.8b	2.18b
	T_3	11.9d	58.3a	4.88a
孩儿拳	CK	29.3a	42.3b	1.45c
	T_1	29.4a	40.7b	1.39c
	T_2	21.7b	46.1a	2.12b
	T_3	14.5c	50.1c	3.46a

3.2.3　土壤干旱胁迫下沙枣和孩儿拳的叶片水势变化

图 3-1、图 3-2 分别展示了不同干旱胁迫下沙枣和孩儿拳叶片的最高水势和最低水势,由图中可以看出,随着土壤干旱胁迫的加剧,两物种叶片的最高水势和最低水势均逐渐下降,但下降幅度不同。沙枣在 T_1、T_2、T_3 胁迫下的最高水势分别为 −0.98 MPa、−1.11 MPa、−1.48 MPa,比 CK 下降了 33%、50%、73%,统计分析表明:T_1 与 T_2 差异不显著,T_3 和 CK 及各处理间差异均显著;孩儿拳各处理最高水势 −0.57 MPa、−0.81 MPa、−1.11 MPa,比 CK 下降了8%、55%、111%,统计分析表明:CK 与 T_1 差异不显著,其他处理和 CK 及各处理间差异均显著。

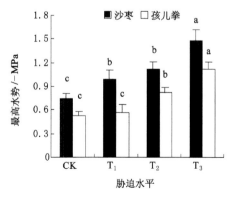

图 3-1　土壤干旱胁迫对沙枣和孩儿拳叶片最高水势的影响

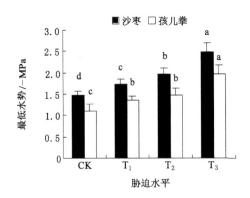

图 3-2　土壤干旱胁迫对沙枣和孩儿拳叶片最低水势的影响

沙枣在 T_1、T_2、T_3 胁迫下的最低水势分别为 -1.73 MPa、-1.97 Mpa、-2.47 Mpa，比 CK 下降了 16％、33％、66％，统计分析表明：各处理和 CK 及各处理间差异均显著；孩儿拳各处理最低水势 -1.36 MPa、-1.48 Mpa、-1.97 Mpa 比 CK 下降了 22％、33％、47％，统计分析表明：T_1 与 T_2 差异不显著，T_3 和 CK 及各处理间差异均显著。

3.2.4　土壤干旱胁迫下沙枣和孩儿拳的渗透调节作用

图 3-3 是不同干旱胁迫下沙枣和孩儿拳叶片中的脯氨酸含量，从图中可以看出，随着干旱胁迫的加剧，两物种叶片中的脯氨酸含量均逐渐上升，但升高幅度不同。沙枣 T_1、T_2、T_3 分别为 CK 的 1.87 倍、3.14 倍、4.14 倍，各处理和 CK 及各处理间差异显著；孩儿拳 T_1、T_2、T_3 分别为 CK 的 1.45 倍、1.88 倍、4.22 倍，各处理和 CK 及各处理间差异显著。

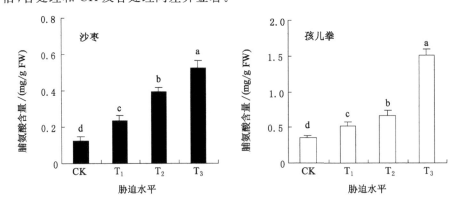

图 3-3　沙枣和孩儿拳脯氨酸含量对土壤干旱胁迫的响应

　　图 3-4 展示了不同干旱胁迫下沙枣和孩儿拳叶片中的可溶性总糖的含量。从图中可以看出,随着干旱胁迫的加剧,两物种叶片中的可溶性总糖含量均逐渐上升,但升高幅度不同。沙枣 T_1、T_2、T_3 分别为 CK 的 1.21 倍、1.24 倍、1.50 倍,T_1 与 T_2 差异不显著,各处理和 CK 及其他处理间差异显著;孩儿拳 T_1、T_2、T_3 分别为 CK 的 1.15 倍、1.30 倍、1.50 倍,各处理和 CK 及各处理间差异显著。

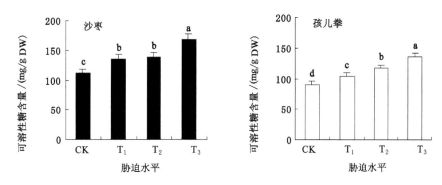

图 3-4　沙枣和孩儿拳可溶性糖含量对土壤干旱胁迫的响应

　　图 3-5 展示了不同干旱胁迫下沙枣和孩儿拳叶片中的可溶性蛋白的含量,从图中可以看出,随着干旱胁迫加剧,沙枣叶片中的可溶性蛋白含量先增加后下降,孩儿拳呈现下降趋势。T_1 胁迫下,沙枣的可溶性蛋白和 CK 基本一致,T_2 胁迫下高出 CK 12%,T_3 胁迫下低于 CK 27%,统计分析表明:T_1 处理与 CK 差异不显著,其他处理和 CK 及各处理间差异显著;T_1 胁迫下,孩儿拳的可溶性蛋白和 CK 基本一致,T_2、T_3 胁迫下,分别比 CK 下降了 19%、49%,统计分析表明:T_1 处理与 CK 差异不显著,其他处理和 CK 及各处理间差异显著。

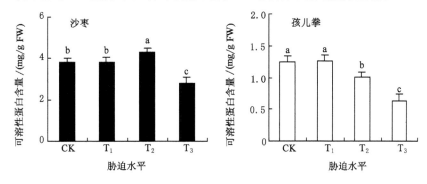

图 3-5　沙枣和孩儿拳可溶性蛋白对土壤干旱胁迫的响应

3.3 讨论

在同等土壤水分含量下,自然饱和亏越大说明植物水分亏缺越严重。植物自然需水程度越低,说明其抗旱能力越强(冯玉龙等,2001)。本研究发现,在土壤干旱胁迫加重的过程中,沙枣和孩儿拳叶片的自然饱和亏、临界饱和亏和需水程度均逐渐增加,但物种间存在差异,孩儿拳叶片的自然饱和亏、需水程度均大于沙枣,表明沙枣对干旱胁迫具有较强的适应能力,但沙枣临界饱和亏低于孩儿拳,又说明孩儿拳叶片抗脱水能力强于沙枣。

在干旱胁迫下,束缚水会向自由水转化,但不同物种的转化能力不同。黄子琛(1979)认为耐旱植物具有较高的束缚水含量及束缚水/自由水比值,束缚水比例越大,抗旱性越强。本研究结果表明,随着土壤水分的减少,沙枣和孩儿拳叶片中的自由水含量呈现减少趋势,束缚水含量和束缚水与自由水比值均呈现增加趋势。在严重干旱胁迫(T_3)下沙枣自由水比孩儿拳下降幅度大,束缚水含量和束缚水与自由水比值增加幅度比孩儿拳大,这可能是孩儿拳自由水向束缚水转化的较少或者有一部分在外界干旱条件下流失了(孙国荣等,2001)。从干旱胁迫下束缚水和自由水的关系来看,沙枣抗旱性强于孩儿拳。

植物叶水势代表植物水分运动的能量水平,反映了植物组织的水分状况,是衡量植物抗旱性的一个重要生理指标,所以通常用水势的变化来指示不同植物抗旱性的差异(黎裕,1993;Iannucci et al.,2000)。王海珍等(2003)研究表明,在土壤干旱胁迫下大叶细裂槭调节水势的能力强于辽东栎,这说明不同树种叶水势的变化除受土壤水分含量直接影响外,还受自身调节能力的影响。本研究发现,随着干旱胁迫的加剧,沙枣和孩儿拳的最高水势和最低水势均呈现下降趋势,但沙枣最低水势下降的幅度相对较大,最高水势下降幅度相对较小,这在一定程度上说明了,在干旱胁迫下沙枣相对孩儿拳具有低水势抗旱的能力,并且沙枣对水势的调节能力强于孩儿拳,这与杨建伟等(2004)在刺槐和油松上的研究结果是一致的。

虽然也有学者认为用游离脯氨酸作为植物抗旱性指标有一定的局限性(王邦锡等,1989;李昆等,1999),但大量的证据表明脯氨酸累积有多种生理意义,如作为细胞质渗透调节物质稳定生物大分子结构、清除活性氧等(汤章城,1984;Smirnoff,1993)。在本研究中,随着干旱胁迫程度的加剧,沙枣和孩儿拳脯氨酸含量均有不同程度的增加,特别在严重干旱胁迫下,沙枣和孩儿拳的脯氨酸含量高出 CK 4 倍多,说明二者的脯氨酸对干旱胁迫均非常敏感。

许多研究表明,可溶性糖在渗透调节中也发挥着重要作用(孙存华等,2005;

刘瑞香等,2005)。本研究发现,随着干旱胁迫程度的加剧,沙枣和孩儿拳可溶性总糖含量均有不同程度的增加,两者相比较,孩儿拳可溶性总糖增加幅度较大,但由于沙枣本身可溶性总糖含量较高,各处理可溶性总糖含量仍高于孩儿拳。

陈立松等(1999)研究表明,抗旱性强的植物含有较高的可溶性蛋白,也有研究表明,随着干旱胁迫的加剧,可溶性蛋白呈下降趋势(Clifford et al.,1998),王俊刚等(2002)认为干旱胁迫下可溶性蛋白的变化程度与抗旱性有关,抗旱性强的植物在受到干旱胁迫后,其蛋白合成维持在比较稳定的水平,可溶性蛋白含量变化很小。本研究表明:随着干旱胁迫程度的加剧,沙枣和孩儿拳可溶性蛋白含量均呈下降趋势,和孩儿拳相比,沙枣可溶性蛋白含量较高,下降幅度较小,表明沙枣抗旱性强于孩儿拳。

4 干旱胁迫下沙枣和孩儿拳保护酶活性和膜质过氧化作用

1975 年,Fridovich 提出生物自由基伤害学说,认为植物体内自由基大量产生会引发膜脂过氧化作用,造成细胞膜系统破坏,严重时导致植物死亡,通常用膜质过氧化产物丙二醛(MDA)的变化来衡量膜的完整性和膜质过氧化程度(Gina Brito et al. ,2003)。植物细胞中存在着能清除活性氧自由基的保护酶系,如超氧化物歧化酶(SOD)、过氧化物酶(POD)、过氧化氢酶(CAT)等,它们的协调作用能有效地清除 O_2^-、OH^-、$H_2O_2^-$ 等自由基,防御膜脂过氧化,从而使细胞膜免受其伤害。近年来,干旱胁迫与植物保护酶活性及膜脂过氧化关系的研究越来越受到重视,关于这方面的研究有大量报道,阎秀峰(1999)等对红松研究表明,红松的保护酶与膜质过氧化的程度与其抗旱性存在着一定的关系,白桦(孙国荣等,2003)、黄檗(李霞等,2005)等的研究工作也证明了这一点。本研究是在土壤干旱胁迫条件下,对沙枣和孩儿拳盆栽苗的保护酶及膜质过氧化产物丙二醛(MDA)进行研究,以期为沙枣和孩儿拳的耐旱机制研究提供一定的理论依据。

4.1 材料与方法

4.1.1 实验材料

从种植的盆栽苗中,另外选出长势正常一致的沙枣和孩儿拳各 12 盆进行干旱胁迫实验。

4.1.2 测定方法

在胁迫 30 d 后选取枝上部健康完全展开的叶片(枝顶端往下 3~5 片),将其剪碎,从中称取一定量的叶片对相关指标进行测定,每一指标的测定 3 次重复,本章图表中的数据均是 3 次重复的平均值。

　　保护酶的提取:取 0.3 g 叶片切段,置于预冷的研钵中,加适量的预冷的 50 mmol/L 磷酸缓冲液(含 1% PVP,PH 7)及少量石英砂,在冰浴中研磨成匀浆,将匀浆液全部转入到 15 mL 离心管中,于 2～4 ℃,12 000 g 离心 20 min,上清液转入 25 mL 容量瓶中,沉淀用 5 mL 磷酸缓冲液再提取 2 次,上清液并入容量瓶中,定容到刻度,4 ℃下保存备用。(李柏林等,1989;朱广廉等,1990;刘祖祺等,1994)。SOD 的测定按照李合生(2000)的方法,以抑制 NBT 光化还原 50% 为一个酶活性单位表示。POD 的测定用愈创木酚染色法,以每分钟内 A_{470} 变化 0.01 为一个过氧化物酶活性单位(张志良等,2003,朱广廉等,1990)。CAT 的测定用紫外吸收法,以 1 min 内 A_{240} 减少 0.1 的酶量为一个酶活性单位(Trevor et al. ,1994)。

　　丙二醛(MDA)的提取:取叶片 0.2 g,加入 10% TCA 2.0 mL 和少量石英砂,研磨;转移到离心管中,控制在 10 mL 以内,4 000 g 离心 10 min,定容到 10 mL。即为样品提取液。MDA 测定和计算按照张志良等(2003)的方法。

4.1.3　数据分析

　　用 SPSS 13.0 分别对同一物种不同干旱胁迫下的保护酶和丙二醛进行统计分析,对不同胁迫水平之间进行单因素方差分析和 Duncan 多重比较。

4.2　结果与分析

4.2.1　土壤干旱胁迫下沙枣和孩儿拳叶片保护酶活性变化

　　SOD、POD、CAT 是植物体内清除自由基的重要保护酶(汪耀富等,1996)。图 4-1 是不同干旱胁迫下沙枣和孩儿拳叶片的 SOD 酶活性,从图中可以看出,随着干旱胁迫的加剧,两物种叶片的 SOD 酶活性先升高后降低。沙枣在 T_1 胁迫下,SOD 酶活性最高,高出 CK 23%,在 T_2 胁迫下,虽有所下降,但仍高出 CK 12%,在 T_3 胁迫下,SOD 酶活性最低,低于 CK 20%,统计分析表明:T_1 与 T_2 差异不显著,其他处理和 CK 及各处理间差异均显著;孩儿拳 SOD 酶活性在 T_1 胁迫下高出 CK 22%,在 T_2 胁迫下最高,高出 CK 62%,在 T_3 胁迫下,SOD 酶活性最低,低于 CK 25%,统计分析表明:各处理和 CK 及各处理间差异均显著。

　　图 4-2 是不同干旱胁迫下沙枣和孩儿拳叶片的 POD 酶活性,从图中可以看出,随着干旱胁迫的加剧,两物种叶片的 POD 酶活性先升高后降低。沙枣在 T_1、T_2、T_3 胁迫下,POD 酶活性分别高出 CK60%、77%、31%,统计分析表明:

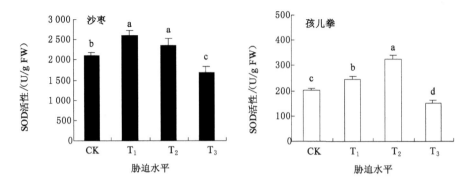

图 4-1 沙枣和孩儿拳 SOD 活性对土壤干旱胁迫的响应

各处理和 CK 及各处理间差异均显著;孩儿拳在 T_1、T_2、T_3 胁迫下,POD 酶活性分别高出 CK37%、45%、8%,统计分析表明:T_1 与 T_2 差异不显著,其他处理和 CK 及各处理间差异均显著。

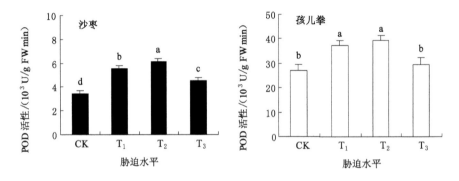

图 4-2 沙枣和孩儿拳 POD 活性对土壤干旱胁迫的响应

图 4-3 是不同干旱胁迫下沙枣和孩儿拳叶片的 CAT 酶活性,从图中可以看出,随着干旱胁迫的加剧,两物种叶片的 CAT 酶活性先升高后降低。沙枣在 T_1、T_2 胁迫下,CAT 酶活性分别高出 CK 30%、91%,在 T_3 胁迫下,比 CK 下降了 9%,统计分析表明:各处理和 CK 及各处理间差异均显著;孩儿拳在 T_1、T_2 胁迫下,CAT 酶活性分别高出 CK 20%、35%,在 T_3 胁迫下,比 CK 下降了 36%,统计分析表明:各处理和 CK 及各处理间差异均显著。

4.2.2 土壤干旱胁迫下沙枣和孩儿拳膜质过氧化作用

图 4-4 展示了不同干旱胁迫下,沙枣和孩儿拳叶片内 MDA 的含量,从图中可以看出,随着干旱胁迫程度的增加,两物种叶片中的 MDA 含量均呈现升高趋

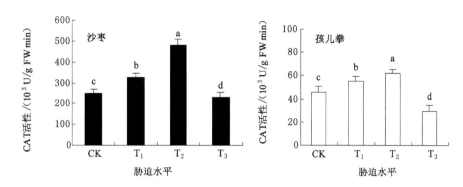

图 4-3 沙枣和孩儿拳 CAT 活性对土壤干旱胁迫的响应

势,但升高幅度不同。在 T₁ 胁迫下,沙枣 MDA 含量和 CK 基本一致,在 T₂、T₃ 胁迫下,MDA 含量分别比 CK 高出 23%、57%,统计分析表明:T₁ 与 CK 差异不显著,其他处理和 CK 及各处理间差异显著;随着土壤干旱胁迫的加强,孩儿拳 MDA 含量出现了明显增加,在 T₁、T₂、T₃ 胁迫下,MDA 含量分别比 CK 高出 21%、47%、89%,各处理和 CK 及各处理间差异显著。

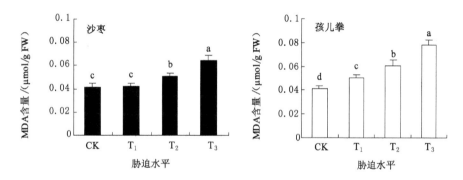

图 4-4 沙枣和孩儿拳 MDA 含量对土壤干旱胁迫的响应

4.3 讨论

SOD、POD、CAT 是保护酶系统中的关键保护酶,植物对逆境的适应能力和抗性与保护酶的活性密切相关(Lima et al. ,2002;Noctor et al. ,1998;Sundar et al. ,2004)。SOD 能将 O_2^- 清除氧化成 H_2O_2 和 O_2,POD、CAT 能将 H_2O_2 转变为 H_2O 和 O_2(Chaitanya et al. ,2002)。本研究表明,在干旱胁迫下,沙枣和孩儿拳叶片中的 SOD 酶活性先随着干旱胁迫强度的增加而上升,沙枣在轻度胁迫

（T_1）下酶活性最高,孩儿拳在中度胁迫（T_2）下酶活性最高,在重度胁迫下（T_2）两物种均出现大幅度下降,低于 CK 的酶活性。这可能是在轻度、中度胁迫下,一定量的 O_2^- 积累诱导了叶片内 SOD 酶活性的升高,使 O_2^- 被迅速歧化,以适应干旱胁迫的影响,重度干旱胁迫可能使 SOD 酶活性失活,使其明显低于 CK。两物种的 POD 和 CAT 酶活性变化和 SOD 酶活性基本一致,这可能是三者是协同保护酶有关（孙存华等,2005）。两物种相比,在不同干旱胁迫下,沙枣 SOD 酶活性、CAT 酶活性均明显高于孩儿拳,但 POD 酶活性却低于孩儿拳,这说明不同物种保护酶的响应方式不同,沙枣的保护酶响应方式更有利于抵抗外界干旱环境的胁迫。

保护酶活性和膜质过氧化产物 MDA 存在一定的相关性,当外界环境对植物的胁迫程度较轻时,植物体内的保护酶活性维持在较高的水平,膜质过氧化程度较低,一旦超过植物的耐受极限,保护酶活性会受到抑制,导致膜质过氧化产物 MDA 的大量产生（李明等,2002;Gigon et al.,2004）。在本研究中,在轻度和中度干旱下,沙枣和孩儿拳 SOD、POD、CAT 保护酶都维持在较高的水平,植物体内 MDA 含量较低,重度胁迫下,保护酶活性明显下降,导致 MDA 的大量产生。相对沙枣而言,孩儿拳 MDA 含量增加幅度较大,说明其受到的膜质过氧化伤害更严重。

5　干旱胁迫对沙枣和孩儿拳光合特性的影响

光合作用是植物正常生长发育的前提,植物与光合有关的生理生态特性是植物与环境的长期适应形成的。干旱胁迫引起植物光合特性的改变已经引起广泛关注,从光合特性方面来探讨植物的抗旱潜力多采用净光合速率、蒸腾速率、气孔导度、胞间 CO_2 浓度、气孔限制值、瞬时水分利用效率、表观光能利用效率、表观 CO_2 利用效率等指标(邓雄等,2003;郭卫华等,2004)。本研究是在干旱胁迫条件下,对沙枣和孩儿拳盆栽苗的光合参数、气孔限制值、资源利用效率等的日进程进行研究,以期为干旱胁迫下沙枣和孩儿拳的光合响应机制研究提供一定的理论参考。

5.1　材料与方法

5.1.1　实验材料

选取发育健康、大小一致的 2 年生沙枣和孩儿拳幼苗各 30 株。盆直径为 40 cm,高为 45 cm,每盆装土 15 kg,土壤有机质 6.82 g/kg,速效氮 37.62 mg/kg,速效磷 19.73 mg/kg,速效钾 98.21 mg/kg,含盐量 0.12%。对盆栽苗定期浇水、松土。

5.1.2　胁迫方法

实验用土的田间饱和持水量为 32%。土壤含水量以水的重量占干土重量的百分数表示。2006 年 6 月,选取长势正常一致的沙枣和孩儿拳盆栽苗各 12 盆进行土壤干旱胁迫实验,设对照(CK),土壤含水量为 25.6%~27.2%,轻度干旱胁迫(T_1),土壤含水量为 19.2%~20.8%,中度干旱胁迫(T_2),土壤含水量为 12.8%~14.4%,重度干旱胁迫(T_3),土壤含水量为 6.4%~8.0%,4 个处理,每一处理 3 次重复(杨敏生等,1999;Hsiao,1973)。胁迫期间,自然光照,每天用称重法补充损失的水分,盆栽苗上方设防雨棚,降雨前用防雨棚遮盖。

5.1.3　测定方法

　　在胁迫 30 d 后,用 LI-COR 6400 便携式光合测定系统 (LI-COR Inc,USA) 测定沙枣和孩儿拳枝上部健康完全展开的叶片(枝顶端往下 3～5 片)的净光合速率 $[P_n, \mu mol/(m^2 \cdot s)]$,蒸腾速率 $[T_r, mmol/(m^2 \cdot s)]$、气孔导度 $[G_s, mmol/(m^2 \cdot s)]$、胞间 CO_2 浓度($C_i, \mu mol^{-1}$)及环境因子如光合有效辐射 $[PAR, \mu mol/(m^2 \cdot s)]$、大气 CO_2 浓度($Ca, \mu mol^{-1}$)、气温($Ta, ℃$)和大气湿度 (RH,%)等。每个处理测定三个叶片,每一测定对光合参数重复记录 6 次,测定结束后分别统计各参数的平均值,作为作图的基本数据。另外计算下列指标:气孔限制值(L_s)= $1 - C_i/C_a$(Berry et al.,1982);瞬时水分利用效率(WUE)= P_n / T_r(Nijs et al.,1997);表观光能利用效率(LUE)= P_n/PAR(Long et al.,1993);表观 CO_2 利用效率(CUE)= P_n / C_i(何维明等,2000)。

5.2　结果与分析

5.2.1　实验地光合有效辐射和大气 CO_2 浓度、温度、湿度日变化

　　植物光合作用受到光照、大气 CO_2 浓度、温度、湿度等因素的影响,在评价植物光合作用时必须对有关的环境因素进行同步测定。图 5-1 是实验地光合有效辐射和大气 CO_2 浓度、温度、湿度日变化,实验当天光合有效辐射呈现单峰曲线,峰值出现在 13 点左右,最低值出现在 18 点,日平均光合有效辐射为 962 $\mu mol/(m^2 \cdot S)$;大气 CO_2 浓度在一天中呈现下降趋势,在 18 点有所回升。最大值为 424.3 μmol^{-1},出现在 6 点;最小值为 361.1 μmol^{-1},出现在 16 点。日平均大气 CO_2 浓度为 386.9 μmol^{-1},大气温度在一天中呈现上升趋势。在 18 点有所下降,最高气温为 36.4 ℃,出现在 16 点;最低气温为 23.7 ℃,出现在 6 点,日平均气温为 31.2 ℃。大气湿度在一天中呈现下降趋势,在 18 点有所回升,最大湿度为 60.5%,出现在 6 点,最小湿度为 23.5%,出现在 16 点,日平均大气湿度为 37.3%。

5.2.2　土壤干旱胁迫下沙枣和孩儿拳气体交换参数的变化

　　植物光合作用过程中的气体交换参数能够敏感的反应植物遭受干旱胁迫的程度。光合日进程既能反映植物在一天内对环境条件适应过程和节律,也能体现植物能够承受的最大胁迫潜力。图 5-2 是不同干旱胁迫下,沙枣和孩儿拳净

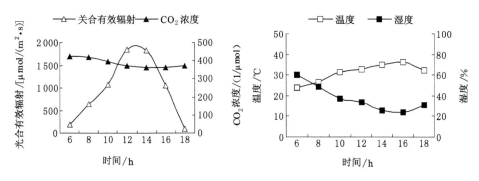

图 5-1 实验地光合有效辐射和大气 CO_2 浓度、温度、湿度日变化

光合速率日进程曲线。从图中可以看出,两种植物净光合速率总的趋势是随着干旱胁迫的加剧而明显下降,但物种间响应格局不同。沙枣在 T_1 胁迫下,净光合速率日进程呈现单峰曲线,和 CK 单峰曲线相似,峰值均出现在 9 点左右,各时刻净光合速率均有所下降;在 T_2、T_3 胁迫下,呈现双峰曲线,峰值出现在 8 和 14 点,各时刻净光合速率比 CK 明显下降。T_1、T_2、T_3 的净光合速率的日平均值比分别 CK 下降了 13%、52%、61%。孩儿拳在 T_1、T_2、T_3 胁迫下,净光合速率日进程和 CK 均呈现单峰曲线,但峰形不同;T_1 和 CK 峰值出现在 8 点,T_1 峰值略高于 CK,但其他时刻净光合速率均低于 CK;T_2、T_3 的峰值出现在 10 点,各时刻净光合速率比 CK 明显下降。T_1、T_2、T_3 的净光合速率的日平均值比分别 CK 下降了 29%、63%、68%。

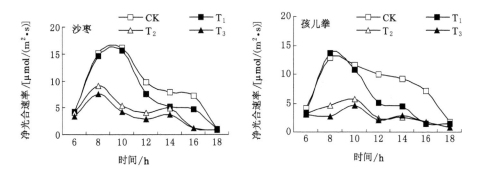

图 5-2 不同土壤干旱胁迫下沙枣和孩儿拳净光合速率(Pn)的日变化

蒸腾是植物体内水分以气体状态向外散失的过程,蒸腾作用的强弱是反映植物水分代谢的一个重要指标,是植物水分代谢极其重要的一个环节(王海珍等,2005)。图 5-3 展示了不同干旱胁迫下沙枣和孩儿拳蒸腾速率日变化曲线,从图中可以看出,随着干旱胁迫的加剧,两物种蒸腾速率总的趋势是下降的,但

二者响应曲线不同。沙枣在 T_1 胁迫下,蒸腾速率日进程呈现单峰曲线,和 CK 单峰曲线相似,峰值均出现在 10 点,蒸腾速率有所下降;在 T_2 胁迫下,呈现双峰曲线,峰值出现在 10 和 14 点;在 T_3 胁迫下,蒸腾速率一直维持在较低水平,呈现不明显的单峰曲线,峰值出现在 10 点。T_1、T_2、T_3 的蒸腾速率的日平均值比分别 CK 下降了 19%、46%、63%。孩儿拳在 T_1、T_2 胁迫下,蒸腾速率日进程呈现单峰曲线,但和 CK 单峰曲线相比,峰值虽都出现在 10 点,但峰值和峰面积都有明显的降低,在 T_3 胁迫下,呈现双峰曲线,峰值出现 8 点和 14 点。T_1、T_2、T_3 的蒸腾速率的日平均值比分别 CK 下降了 34%、59%、64%。

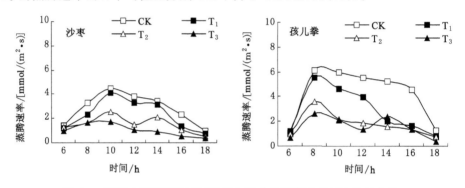

图 5-3　不同土壤干旱胁迫下沙枣和孩儿拳蒸腾速率(Tr)的日变化

　　沙枣和孩儿拳气孔导度日进程如图 5-4,从图中可以看出,两物种气孔导度总的趋势是随着干旱胁迫的加剧而下降,二者表现出相似规律。在 T_1、T_2、T_3 胁迫下,气孔导度日进程和 CK 均呈现单峰曲线,且峰值均出现在 8 点,但随着干旱胁迫的加剧,各时刻气孔导度比 CK 明显下降。两物种相比,沙枣的峰值较明显,孩儿拳的单峰面积较宽。沙枣 T_1、T_2、T_3 的气孔导度的日平均值比分别 CK 下降了 23%、47%、46%;孩儿拳 T_1、T_2、T_3 的气孔导度的日平均值比分别 CK 下降了 12%、40%、51%。

　　图 5-5 展示了不同干旱胁迫下沙枣和孩儿拳胞间 CO_2 浓度的日变化曲线,从图中可以看出,两物种胞间 CO_2 浓度的日变化曲线虽然都在 12 点左右出现胞间 CO_2 浓度低谷,但它们之间仍存在明显的差别。沙枣各处理的胞间 CO_2 浓度的日变化趋势具有相似的规律,从早晨 6 点开始,胞间 CO_2 浓度急剧下降,12 点下降到最低值。孩儿拳 CK 的胞间 CO_2 浓度低谷不明显,各处理从早晨 6 点开始,胞间 CO_2 浓度缓慢下降,经历低谷后,又回到早晨 6 点胞间 CO_2 浓度水平。沙枣和孩儿拳胞间 CO_2 浓度日平均值在 T_1、T_2 胁迫下,比 CK 有所下降,在 T_3 胁迫下有所回升,但仍低于 CK。沙枣 T_1、T_2、T_3 的胞间 CO_2 浓度的日平

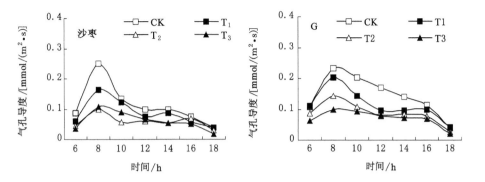

图 5-4　不同土壤干旱胁迫下沙枣和孩儿拳气孔导度(Gs)的日变化

均值比分别 CK 下降了 4%、11%、3%;孩儿拳 T_1、T_2、T_3 的胞间 CO_2 浓度的日平均值比分别 CK 下降了 12%、23%、10%。

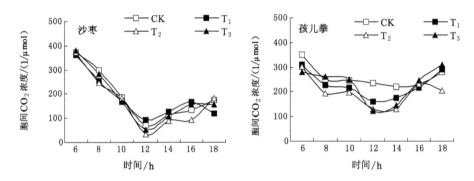

图 5-5　不同土壤干旱胁迫下沙枣和孩儿拳胞间 CO_2 浓度(Ci)的日变化

5.2.3　土壤干旱胁迫对沙枣和孩儿拳气孔限制值(L_s)的影响

图 5-6 是不同干旱胁迫条件下,沙枣和孩儿拳胞间气孔限制值(L_s)的日变化曲线,从图中可以看出,两物种胞间气孔限制值(L_s)的日变化曲线和胞间 CO_2 浓度的日变化曲线正好相反,两物种都在 12 点左右出现气孔限制值的峰值,但二者之间存在明显的差别。沙枣各处理的气孔限制值的日动态变化趋势具有相似的规律,从早晨 6 点开始,气孔限制值急剧升高,12 点达到最大值,随后有所降低,但仅比早晨 6 点气孔限制值高一倍。沙枣 T_1、T_2、T_3 气孔限制值的日平均值比分别 CK 升高了 4%、9%、3%。孩儿拳 CK 的气孔限制值峰值不明显,各处理从早晨 6 点开始,气孔限制值缓慢上升,经历气孔限制值峰值后又回到早晨 6 点气孔限制值水平。孩儿拳 T_1、T_2、T_3 气孔限制值的日平均值比分别 CK 升高了 24%、46%、21%。

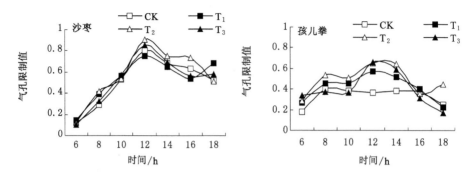

图 5-6 不同土壤干旱胁迫下沙枣和孩儿拳气孔限制值(Ls)的日变化

5.2.4 土壤干旱胁迫下沙枣和孩儿拳资源利用效率

水分利用效率 WUE 可以反映光合作用与蒸腾作用之间的关系,它提供了有关水分代谢功能的信息(王磊等,2006)。图 5-7 是不同干旱胁迫下,沙枣和孩儿拳水分利用效率的日变化曲线,从图中可以看出,随着干旱胁迫的增加,沙枣瞬时水分利用效率呈现先增加后下降趋势,孩儿拳呈现下降趋势。沙枣 CK 和各处理瞬时水分利用效率日变化曲线均为双峰曲线,但峰值大小和出现的时刻存在差异。CK 和各处理第一个峰值均在 8 点,T_1、T_2 峰值分别高出 CK 38%、20%,T_3 峰值和 CK 相差无几。CK 和 T_1、T_2、T_3 第二个峰值分别出现在 16 点、16 点、12 点、14 点,T_1、T_3 峰值分别高出 CK 16%、31%,T_2 峰值却低于 CK 13%。沙枣 T_1、T_3 瞬时水分利用效率日平均值分别高出 CK 13%、8%,T_2 却低于 CK 9%。

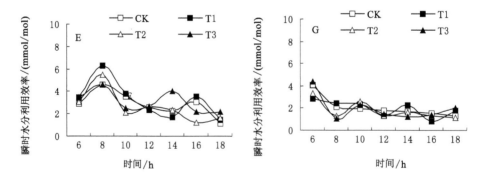

图 5-7 不同土壤干旱胁迫下沙枣和孩儿拳瞬时水分利用效率(WUE)的日变化

孩儿拳 CK 和各处理瞬时水分利用效率最大值均出现在 6 点,然后 CK 一直下降，T_1、T_2、T_3 在下降过程中分别在 16 点、10 点、10 点形成瞬时水分利用效率小波峰。孩儿拳 T_1、T_2、T_3 瞬时水分利用效率的日平均值比分别 CK 下降了 5%、14%、6%。

图 5-8 展示了不同干旱胁迫下沙枣和孩儿拳表观光能利用效率的日变化，从图中可以看出，两种植物表现光能利用效率总的趋势是随着干旱胁迫的加剧而下降，二者表现出相似规律。各处理和 CK 均表现光能利用效率最高值出现在 6 点到 8 点，最低值在 12 点到 14 点。沙枣和孩儿拳表观光能利用效率，在 T_1 胁迫下，各个时刻和 CK 相差无几，在 T_2、T_3 胁迫下，各个时刻明显低于 CK。沙枣 T_1、T_2、T_3 的表观光能利用效率的日平均值比分别 CK 下降了 6%、37%、46%；孩儿拳 T_1、T_2、T_3 的表观光能利用效率的日平均值比分别 CK 下降了 19%、52%、58%。

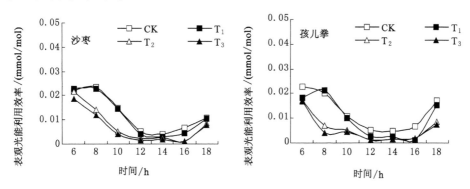

图 5-8　不同土壤干旱胁迫下沙枣和孩儿拳表观光能利用效率（LUE）的日变化

不同干旱胁迫下沙枣和孩儿拳表观 CO_2 利用效率日变化曲线如图 5-9 所示，从图中可以看出，随着干旱胁迫的加剧，两物种表观 CO_2 利用效率总体呈现下降趋势，但二者又存在一定的差异。沙枣 CK、T_1、T_3 的表观 CO_2 利用效率日变化呈现单峰曲线，峰值分别出现在 12 点、10 点、12 点，T_2 呈现双峰曲线，峰值出现在 8 点和 12 点。沙枣 T_1、T_2、T_3 的表观 CO_2 利用效率的日平均值比分别 CK 下降了 12%、35%、61%。孩儿拳 CK、T_1、T_2、T_3 的表观 CO_2 利用效率日变化均呈现单峰曲线，峰值分别出现在 8 点、8 点、10 点、14 点。孩儿拳 T_1、T_2、T_3 的表观 CO_2 利用效率的日平均值比分别 CK 下降了 18%、51%、63%。

5.3　讨论

植物对干旱的最初光合响应可能是调节气孔导度，关闭气孔以减少水分的

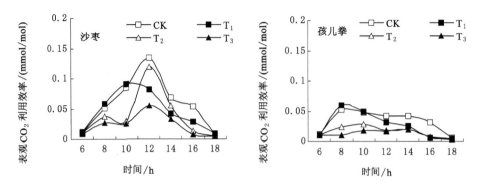

图 5-9　不同土壤干旱胁迫下沙枣和孩儿拳表观 CO_2 利用效率(CUE)的日变化

散失,与此同时,植物体内的各种生理代谢都将受到气孔调节的影响。气孔的调节机能主要表现在当水分供应充足并有利于进行快速 CO_2 同化时,气孔导度趋于增加,而在有利于快速蒸腾,不利于光合时,气孔导度则趋于减小。气孔的这种调节方式,可使植物以有限的水分损耗,换取尽可能大的 CO_2 同化量,从而使一天中对水分的利用达到最优化。气孔调节能力的有效程度是植物适应干旱逆境的重要方式之一,可作为评价植物抗旱性的重要指标(Cowan,1982;郭卫华,2004)。

干旱胁迫会引起气孔导度的降低或者气孔的关闭,进而影响植物的净光合速率和蒸腾速率(Colom et al.,2001;Domingo et al.,2002)。本研究表明,随着干旱胁迫的加剧,沙枣和孩儿拳净光合速率、蒸腾速率、气孔导度总的趋势是下降的,而胞间 CO_2 浓度先增高后降低,但二者响应格局不同。孩儿拳相对沙枣而言,各气体交换参数下降幅度较大。薛崧等(1992)研究发现在干旱胁迫下,植物气孔导度减少或部分关闭,导致气孔限制值增大,从而减少了植物体内的水分蒸发。本研究表明,沙枣和孩儿拳气孔限制值(L_s)随着干旱胁迫的加剧,气孔限制值先增高后降低,但二者之间存在明显的差别,孩儿拳的气孔限制值增加幅度明显高于沙枣。

根据 Farquhar 与 Sharkey(1982)的观点,只有当净光合速率和胞间 CO_2 浓度变化方向相同,两者全减,且气孔限制值增大,才可认为净光合速率的下降主要由气孔导度引起的,如果胞间 CO_2 浓度和净光合速率变化方向相反,气孔限制值减小,则净光合速率的下降应归因于叶肉细胞同化能力的降低。从本研究结果来看,在轻度和中度胁迫下,两物种的净光合速率的下降主要是由气孔导度引起的,重度胁迫下,净光合速率的下降主要是非气孔因素引起的。

一般认为,干旱胁迫下,抗旱性强的植物,净光合速率下降幅度较小,而蒸腾速率下降较大,从而维持较高的水分利用效率、光能利用效率和 CO_2 利用效率

（郭卫华等,2004;Heitholt,1989）。接玉玲等(2001)研究也证明干旱胁迫会导致植物光合速率、蒸腾速率均下降,由于蒸腾速率下降幅度大于光合速率下降幅度,使瞬时水分利用效率升高。本研究表明,随着干旱胁迫的增加,沙枣瞬时水分利用效率呈现先增加后下降趋势,孩儿拳却呈现下降趋势。表观光能利用效率、表观 CO_2 利用效率总的趋势是随着干旱胁迫的加剧而下降,这与郭卫华等(2004)在中间锦鸡儿上的研究结果一致。随着干旱胁迫的加剧,两物种表观光能利用效率表现出相似规律,表观 CO_2 利用效率存在一定的差异。相对沙枣而言,孩儿拳表观光能利用效率和表观 CO_2 利用效率受干旱胁迫的影响较大。

6 干旱胁迫下沙枣和孩儿拳叶绿素荧光特性研究

叶绿素荧光分析技术在分析叶片光合作用过程中方面具有独特的作用,与气体交换参数相比,叶绿素荧光参数能够内在地反映光系统对光能的吸收、传递、耗散、分配等特点。因此,叶绿素荧光分析技术被称为叶片光合功能测定快速、无损伤的天然探针(Genty et al.,1989;Maxwell et al.,2000)。本研究通过测定土壤干旱胁迫下沙枣和孩儿拳的光合色素含量、叶绿素荧光参数,以叶绿素为天然探针,来探讨沙枣和孩儿拳光合色素和叶绿素荧光的响应,为沙枣和孩儿拳的耐旱机制研究奠定一定的理论基础。

6.1 材料与方法

6.1.1 实验材料

从种植的盆栽苗中,另外选出长势正常一致沙枣和孩儿拳各 12 盆进行干旱胁迫实验(详见第 5 部分)。

6.1.2 测定方法

叶绿素的提取:在胁迫 30 d 后选取枝上部健康完全展开的叶片(枝顶端往下 3~5 片),将其剪碎,从中称取 0.1 g 叶片放入研钵中加适量 80% 丙酮,少许碳酸钙和石英砂,研磨成匀浆,将匀浆转入 7 mL 离心管,再加 80% 丙酮洗涤研钵,一并转入离心管,4 000 r/min 离心 15 min,取上清液定容为 25 mL。将上述色素提取液转入比色杯中,以 80% 丙酮为对照,用 UV2550 型分光光度计测定 470 nm、663 nm、646 nm 处 OD 值,计算按照李合生(2000)的方法。每一测定 3 次重复。

叶绿素荧光参数测定:在胁迫 30 d 后,用 6400-40 叶绿素荧光仪测定[光强为 800 μmol/(m^2·s)]经过暗适应的沙枣和孩儿拳枝上部健康完全展开的叶片(枝顶端往下 3~5 片)的初始荧光(F_o)和最大荧光(F_m),然后按公式 $F_v =$

$F_m - F_o$ 计算出可变荧光 (F_v)，PSII 潜在活性 (F_v/F_o)，PSII 最大光化学量子产量 (F_v/F_m)。将沙枣和孩儿拳放在活化光下充分活化后（光强为 800 $\mu mol/m^2 \cdot s$），测定光照条件的最大荧光 (F_m')，PSII 有效光化学量子产量 (F_v'/F_m')，PSII 实际光化学量子产量 (PhiPS$_2$)，表观光合电子传递速率 (ETR)，光化学淬灭 (qP)，非光化学淬灭 (NPQ)（张守仁，1999）。每个处理测定 3 个叶片，每一测定对荧光参数重复记录 6 次，测定结束后分别统计各参数的平均值，作为作图的基本数据。

6.1.3 数据分析

用 SPSS 13.0 分别对同一物种的不同干旱处理的光合色素含量、叶绿素荧光参数进行统计分析，计算每一重复平均数，对不同胁迫水平之间进行单因素方差分析和 Duncan 多重比较。

6.2 结果与分析

6.2.1 土壤干旱胁迫对沙枣和孩儿拳叶片光合色素含量的影响

植物叶片中光合色素是叶片光合作用的基础，光合色素含量标志着光合能力强弱。一般情况下，作为光合能力测试指标主要有叶绿素 a、叶绿素 b 和类胡萝卜素。本实验用 2 年生盆栽苗，在胁迫 30 d 后取样测定，表 6-1 是测定数据经过统计后得到结果，从表中可以看出随着土壤干旱胁迫的加剧，沙枣和孩儿拳叶片光合色素产生了不同的响应。

随着土壤干旱胁迫的加剧，沙枣和孩儿拳叶绿素 a 含量均逐渐下降，各处理和 CK 及各处理间差异均显著，但两物种下降幅度不同，沙枣 T_1、T_2、T_3 分别比 CK 下降 5%、15%、33%，孩儿拳分别比 CK 下降 11%、29%、40%。

沙枣叶绿素 b 含量除在 T_2 在胁迫下比 CK 升高了 5%，T_1、T_3 和 CK 基本一致，T_2 和 CK 及其他处理差异均显著，其他各处理和 CK 及各处理间差异均不显著；在 T_1 胁迫下，孩儿拳叶绿素 b 含量高出 CK 5%，随着胁迫程度的加重，叶绿素 b 含量逐渐下降，T_2、T_3 分别比 CK 下降 3%、15%，统计分析表明，各处理和 CK 及处理间差异均显著。

沙枣和孩儿拳叶绿素 a/b 值随着土壤干旱胁迫的加剧均逐渐下降，但两物种下降幅度不同。沙枣 T_1、T_2、T_3 分别比 CK 下降 4%、19%、25%，各处理和 CK 及各处理间差异均显著；孩儿拳 T_1、T_2、T_3 分别下降 15%、26%、29%，T_2 与 T_3 差异不显著，各处理 CK 及 T_1 与 T_2、T_1 与 T_3 差异均显著。

随着土壤干旱胁迫的加剧,沙枣和孩儿拳叶绿素 a 和 b 总含量均逐渐下降,各处理和 CK 及各处理间差异均显著,但两物种下降幅度不同,沙枣 T_1、T_2、T_3 分别比 CK 下降 5%、12%、27%,孩儿拳分别下降 8%、24%、36%。

表 6-1   土壤干旱胁迫对沙枣和孩儿拳叶片色素含量(mg/gFW)的影响

物种		沙枣	孩儿拳
叶绿素 a	CK	1.46±0.097a	1.50±0.076a
	T_1	1.38±0.089b	1.34±0.057b
	T_2	1.24±0.076c	1.07±0.049c
	T_3	0.980±0.087d	0.90±0.044d
叶绿素 b	CK	0.306±0.013b	0.298±0.008b
	T_1	0.302±0.014b	0.313±0.011a
	T_2	0.321±0.011a	0.289±0.007c
	T_3	0.307±0.016b	0.253±0.012d
叶绿素 a/b	CK	4.77±0.245a	5.03±0.206a
	T_1	4.57±0.0234b	4.28±0.195b
	T_2	3.86±0.219c	3.70±0.133c
	T_3	3.59±0.118d	3.56±0.118c
叶绿素 a+b	CK	1.77±0.101a	1.80±0.123a
	T_1	1.68±0.089b	1.65±0.098b
	T_2	1.56±0.095c	1.36±0.102c
	T_3	1.29±0.067d	1.15±0.089d
类胡萝卜素	CK	0.382±0.012a	0.318±0.009a
	T_1	0.396±0.014a	0.304±0.010b
	T_2	0.333±0.015b	0.288±0.013c
	T_3	0.165±0.006c	0.158±0.008d

在 T_1 胁迫下,沙枣类胡萝卜素含量高出 CK 4%,随着胁迫程度的加重,类胡萝卜素含量逐渐下降,T_2、T_3 分别比 CK 下降 13%、57%,统计分析表明,T_1 与 CK 差异不显著,其他处理和 CK 及各处理间差异均显著;孩儿拳类胡萝卜素含量随着土壤干旱胁迫的加剧逐渐下降,T_1、T_2、T_3 分别比 CK 下降 4%、9%、50%,统计分析表明,各处理和 CK 及处理间差异均显著。

6.2.2　土壤干旱胁迫与沙枣和孩儿拳初始、最大、可变荧光的关系

初始荧光（F_o）是 PSII 反应中心处于完全开放时的荧光产量。F_o 的减少表明光合色素的热耗散增加，而增加则表明 PSII 反应中心受到一定程度的破坏（Demmig et al.，1987）。不同土壤干旱胁迫下沙枣和孩儿拳的初始荧光（F_o）如图 6-1 所示。从图中可以看出，随着干旱胁迫的加剧，两物种的 F_o 均有增加趋势，但也存在一定的差异，沙枣随着干旱胁迫的加剧，F_o 先增加后降低，T_3 虽比 T_2 有所下降，但仍高出 CK 36%，统计分析表明：T_2 与 T_3 差异不显著，各处理和 CK 及其他处理间差异显著；孩儿拳在 T_1 时有所下降，比 CK 下降了 4%，T_2 时最高，高出 CK 16%，统计分析表明：T_1 与 CK、T_2 与 T_3 差异均不显著。

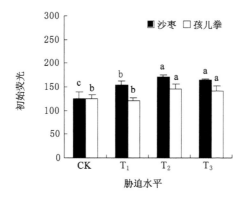

图 6-1　土壤干旱胁迫对沙枣和孩儿拳初始荧光（F_o）的影响

最大荧光（F_m）是 PSII 反应中心完全关闭时的荧光产量，反映了 PSII 的电子传递情况（Ji et al.，1988）。不同土壤干旱胁迫下沙枣和孩儿拳的最大荧光（F_m）如图 6-2 所示，随着干旱胁迫的加剧，沙枣的 F_m 均有增加，T_3 增加幅度最大，高出 CK 17%，统计分析表明：各处理之间差异不显著，但各处理和 CK 差异均显著；孩儿拳在 T_1 胁迫下，和 CK 基本一致，在 T_2、T_3 胁迫下，F_m 分别比 CK 下降了 1%、12%，统计分析表明：T_3 与 CK、T_3 与 T_1、T_2 与 T_3 差异显著，其余差异不显著。

可变荧光（F_v）值与小麦叶 PSII 氧化一侧的水裂解释放 O_2 过程有关，可作为 PSII 反应中心活性大小的相对指标（梁新华等，2001）。土壤干旱胁迫下沙枣和孩儿拳的可变荧光（F_v）如图 6-3 所示，从图中可以看出，随着干旱胁迫的加剧，沙枣的 F_v 均有增加趋势，T_3 增加幅度最大，高出 CK 14%，统计分析表明：各处理之间差异不显著，但各处理和 CK 差异均显著；随着干旱胁迫的加剧，孩

儿拳的 F_v 表现为先增加后降低,在 T_1 胁迫下,稍高出 CK,在 T_2、T_3 胁迫下,F_v 分别比 CK 下降了 4%、18%,统计分析表明:T_1 与 CK 差异不显著,其他处理和 CK 及各处理间差异均显著。

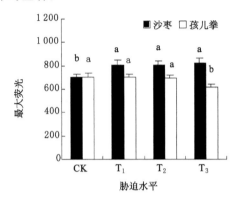

图 6-2 土壤干旱胁迫对沙枣和孩儿拳最大荧光(F_m)的影响

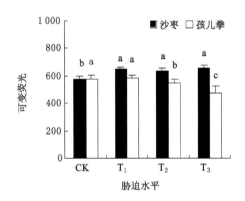

图 6-3 土壤干旱胁迫对沙枣和孩儿拳可变荧光(F_v)的影响

6.2.3 土壤干旱胁迫下沙枣和孩儿拳的 PSⅡ潜在活性及光化学量子产量

F_v/F_o 常用于度量 PSⅡ的潜在活性(张其德等,1996)。图 6-4 展示土壤干旱胁迫下沙枣和孩儿拳的 PSⅡ潜在活性(F_v/F_o)。从图中可以看出,随着干旱胁迫的加剧,沙枣和孩儿拳的 F_v/F_o 均呈现下降趋势,在 T_2 下降幅度最大,低于 CK 20%,T_3 时虽有所回升,但仍低于 CK 13%,统计分析表明:T_2 与 T_3 差异不显著,各处理和 CK 及其他各处理之间差异均显著;孩儿拳的 F_v/F_o 在 T_1 胁迫下,稍高出 CK,在 T_2、T_3 胁迫下,F_v/F_o 分别比 CK 下降了 18%、28%,统计分析表明：T_1 与 CK 差异不显著，其他处理和 CK 及各处理间差异均显著。

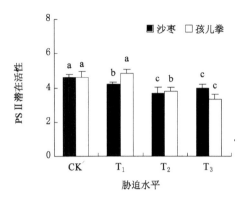

图 6-4 土壤干旱胁迫对沙枣和孩儿拳 PSII 潜在活性（F_v/F_o）的影响

F_v/F_m 为 PSII 最大光化学效率，反映 PSII 反应中心原初光能转化效率。（张守仁，1999）。不同土壤干旱胁迫下沙枣和孩儿拳的 PSII 最大光化学量子产量（F_v/F_m）如图 6-5 所示，从图中可以看出，随着干旱胁迫的加剧，沙枣和孩儿拳呈现下降趋势，但是下降趋势不明显，统计分析表明：沙枣和孩儿拳各处理和 CK 及各处理间差异均不显著。

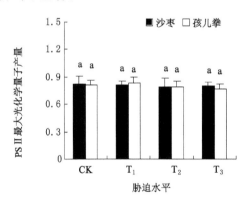

图 6-5 土壤干旱胁迫对沙枣和孩儿拳 PSII 最大光化学量子产量（F_v/F_m）的影响

PSII 有效光化学量子产量（F_v'/F_m'）反映的是开放的 PSII 反应中心原初光能捕获效率（张守仁，1999）。图 6-6 展示了不同土壤干旱胁迫下沙枣和孩儿拳的 PSII 有效光化学量子产量（F_v'/F_m'）。从图中可以看出，随着干旱胁迫的加剧，沙枣 F_v'/F_m' 持续下降，在 T_3 胁迫下，下降幅度最大，低于 CK 26%，统计分析表明：T_1 与 CK、T_1 与 T_2 差异不显著，其他处理和 CK 及其他处理间差异均显著;随着干旱胁迫的加剧,孩儿拳 F_v'/F_m' 先增加后降低,在 T_1 胁迫下,F_v'/F_m' 高出 CK,在 T_2、T_3 胁迫下,F_v'/F_m' 分别比 CK 下降了 21%、29%,统计分析表明:各处理和 CK 及各处理间差异均显著。

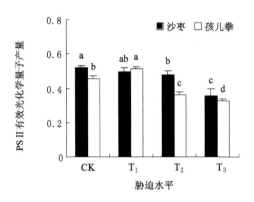

图 6-6 土壤干旱胁迫对沙枣和孩儿拳 PSⅡ有效光化学量子产量 (F_v'/F_m') 的影响

PSⅡ实际光化学量子产量(PhiPS2)反映 PSⅡ反应中心在有部分关闭情况下的实际原初光能捕获效率(张守仁,1999)。不同土壤干旱胁迫下沙枣和孩儿拳的 PSⅡ实际光化学量子产量(PhiPS2)如图 6-7 所示,从图中可以看出,随着干旱胁迫的加剧,沙枣和孩儿拳 PhiPS2 均呈现先升高后降低的趋势,但升高和降低幅度不同,沙枣在 T_1 胁迫下,PhiPS2 高出 CK 5%,孩儿拳高出 CK 21%;沙枣在 T_2、T_3 胁迫下,PhiPS2 分别比 CK 降低了 4%、66%,孩儿拳分别比 CK 降低了 44%、80%。统计分析表明:沙枣 T_1 与 CK、CK 与 T_2 差异不显著,T_3 与 CK 及各处理间差异显著;孩儿拳各处理和 CK 及各处理间差异均显著。

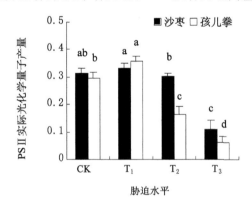

图 6-7 土壤干旱胁迫对沙枣和孩儿拳 PSⅡ实际光化学量子产量(PhiPS2)的影响

6.2.4   土壤干旱胁迫下沙枣和孩儿拳的表观光合电子传递速率的变化

表观光合电子传递速率(ETR)的高低在一定程度上反映了 PSⅡ反应中心的电子捕获效率的高低。图 6-8 展示了土壤干旱胁迫下沙枣和孩儿拳表观光合电子传递速率(ETR)。从图中可以看出,随着干旱胁迫的加剧,沙枣和孩儿拳 ETR 均呈现先升高后降低的趋势,但升高和降低幅度不同,沙枣在 T_1 胁迫下,ETR 高出 CK 5%,孩儿拳高出 CK 21%;沙枣在 T_2、T_3 胁迫下,ETR 分别比 CK 降低了 4%、67%,孩儿拳分别比 CK 降低了 44%、79%。统计分析表明:沙枣 T_1 与 CK、CK 与 T_2 差异不显著,T_3 与 CK 及各处理间差异显著;孩儿拳各处理和 CK 及各处理间差异均显著。

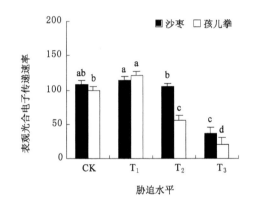

图 6-8   土壤干旱胁迫对沙枣和孩儿拳表观光合电子传递速率(ETR)的影响

6.2.5   土壤干旱胁迫下沙枣和孩儿拳的荧光淬灭分析

荧光淬灭包括光化学淬灭(qP)和非光学淬灭(NPQ)。qP 的大小反映了 PSⅡ原初电子受体 QA 的氧化还原状态和 PSⅡ开放中心的数目,其值增加,说明 PSⅡ的电子传递活性增高;其值下降,说明 PSⅡ反应中心的开放比例和参与 CO_2 固定的能量减少(Van Kooten et al.,1990;曹玲等,2006)。NPQ 反映光能被天线色素吸收,以热耗散形式释放的那部分能量(王荣富等,2003)。不同土壤干旱胁迫下沙枣和孩儿拳光化学淬灭(qP)如图 6-9 所示,从图中可以看出,随着干旱胁迫的加剧,沙枣和孩儿拳 qP 均呈现先升高后降低的趋势,但升高和降低幅度不同,沙枣在 T_1、T_2 胁迫下,qP 分别高出 CK 9%、3%,在 T_3 胁迫下,qP 分别比 CK 降低了 50%,统计分析表明:T_3 与 CK、T_3 与 T_1、T_3 与 T_2 差异显著,其余差异不显著;孩儿拳在 T_1 胁迫下,qP 高出 CK8%,在 T_2、T_2 胁迫下,分别比 CK 降低了 29％、71％,统计分析表明：T_1 与 CK 差异不显著,其他处理与CK 及各处理间差异显著。

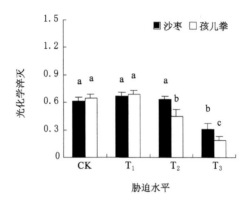

图 6-9　土壤干旱胁迫对沙枣和孩儿拳光化学淬灭(qP)的影响

土壤干旱胁迫下沙枣和孩儿拳非光化学淬灭(NPQ)如图 6-10 所示,从图中可以看出,随着干旱胁迫的加剧,沙枣和孩儿拳 NPQ 均呈现先降低后升高的趋势,但降低和升高幅度不同,沙枣在 T_1、T_2 胁迫下,NPQ 分别低于 CK 16％、2％,在 T_3 胁迫下,NPQ 分别比 CK 升高了 60％,统计分析表明:T_2 与 CK 差异不显著,其他处理与 CK 及各处理间差异显著;孩儿拳在 T_1 胁迫下,NPQ 低于CK15％,在 T_2、T_3 胁迫下,分别比 CK 升高了 38％、73％,统计分析表明:各处理与 CK 及各处理间差异显著。

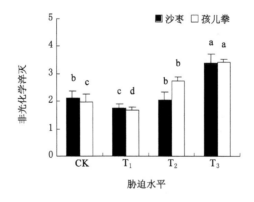

图 6-10　土壤干旱胁迫对沙枣和孩儿拳非光化学淬灭(NPQ)的影响

6.3 讨论

干旱胁迫导致植物叶片中叶绿素含量的降低,是因为干旱胁迫不仅影响叶绿素的生物合成,而且加快已经合成的叶绿素的分解(Alberte et al.,1977)。林植芳等(1984)和伍泽堂(1991)认为这可能是活性氧对叶绿素的破坏造成的,并且叶绿素 a 对活性氧的反应较叶绿素 b 敏感。张明生等(2001)对甘薯研究发现,叶绿素 a/b 比 CK 下降幅度越大,物种抗旱性越强。本研究发现,沙枣和孩儿拳叶绿素 a 含量,叶绿素 a/b,叶绿素 a+b 总含量均随着干旱胁迫的加剧逐渐下降,这与艾克拜尔等(2000)的研究结果基本一致,这可能是干旱胁迫导致活性氧的增加引起的。沙枣叶绿素 b 含量在 T_2 胁迫下明显高出 CK,但在 T_1、T_3 下和 CK 差异不显著;孩儿拳叶绿素 b 含量在 T_1 胁迫下比 CK 有所增加,但随着胁迫程度的加重,又比 CK 有所下降。由此可见,两物种叶绿素 a 对干旱胁迫的反应较叶绿素 b 敏感,与伍泽堂(1991)的观点一致。相对沙枣而言,孩儿拳叶绿素 a 含量、叶绿素 a/b、叶绿素 b 含量和叶绿素 a+b 总含量对干旱胁迫比较敏感,说明随着干旱胁迫加剧,孩儿拳叶绿素受破坏的程度大于沙枣。

类胡萝卜素既是光合色素,又是内源抗氧化剂,除在光合作用中具有一定的功能外,在细胞内还可吸收剩余能量,淬灭活性氧,防止膜脂过氧化(Wlleken et al.,1994)。本研究发现,沙枣和孩儿拳类胡萝卜素含量随着干旱胁迫的加剧呈下降趋势,这说明随着干旱胁迫的增加,二者类胡萝卜素均受到一定程度的伤害。两物种相比,同等干旱胁迫条件下,沙枣的类胡萝卜素含量均大于孩儿拳。

在本研究中,沙枣和孩儿拳在不同干旱胁迫水平上,F_o 均表现出不同程度的增加,说明了干旱胁迫使得沙枣和孩儿拳 PSⅡ反应中心受到一定程度的破坏,相对孩儿拳而言,沙枣 PSⅡ反应中心受到的破坏较为严重。轻度胁迫(T_1)时孩儿拳 F_o 的减少,可能是光合色素热耗散的增加造成的(Demmig et al.,1987)。孩儿拳 F_m、F_v 在中度和重度胁迫时表现出不同程度的下降,这与綦伟等(2006)和梁新华等(2001)的研究结果是一致的。沙枣在各干旱胁迫梯度下,F_m、F_v 却表现出不同程度的增加,究其原因还有待进一步研究。

梁新华等(2001)在干旱条件下,对春小麦研究发现,随着干旱胁迫的加重,各品种 F_v/F_o 急剧下降;罗俊等(2000)在甘蔗上也得到了类似的研究结果。本研究发现,随着干旱胁迫的加重,沙枣和孩儿拳 F_v/F_o 也表现出明显的下降趋势。两物种相比,孩儿拳 PSⅡ潜在活性受干旱胁迫的影响较大。

许多研究研究表明,干旱胁迫能显著降低 F_v/F_m、F_v'/F_m'、PhiPS2(Lu et al.,1999;Qiu et al.,2004)。本研究发现,沙枣和孩儿拳在各干旱胁迫梯度下

F_v/F_m 差异不显著,与上述研究结果不一致,是由于沙枣和孩儿拳的抗旱性强,还是别的原因造成的,有待于进一步深入探讨。沙枣和孩儿拳 F_v'/F_m' 在中度和重度干旱胁迫的下,比 CK 显著下降,相对沙枣而言,孩儿拳下降幅度较大。轻度干旱胁迫能够引起 PhiPS2 的增高,但干旱胁迫到了一定程度就会导致 PhiPS2 的降低,这与綦伟等(2006)的研究结果是一致的。在轻度胁迫下,孩儿拳 PhiPS2 增高幅度大于沙枣,但在中度和重度干旱胁迫下,降低幅度明显低于沙枣,说明孩儿拳受到更严重的伤害。

有研究表明,轻度干旱胁迫下,植物可以提高开放的反应中心的电子捕获效率,从而维持较高的 ETR,增强光呼吸作用以保护光合机构。严重干旱时,植物进一步受到伤害,ETR 值降低,无法起到有效耗散过剩光能的光保护作用(李伟等,2006)。在本研究中,得到了类似的研究结果。在轻度胁迫下,孩儿拳 ETR 增高幅度大于沙枣,但在中度和重度干旱胁迫下,降低幅度明显低于沙枣,说明孩儿拳受到更严重的伤害。

在本研究中,随着干旱胁迫的加剧,沙枣和孩儿拳 qP 均呈现先升高后降低的趋势,NPQ 均呈现先降低后升高的趋势,这说明轻度干旱胁迫能引起 PSⅡ的电子传递活性增高,PSⅡ反应中心的开放比例和参与 CO_2 固定的能量增多,但当干旱胁迫达到一定程度后,qP 显著下降,激发能主要以 NPQ 的形式释放出去,这与 Wingler 等(1999)的研究结果一致。物种间相比,随着干旱胁迫的加剧,孩儿拳光化学淬灭下降幅度和非光化学淬灭升高幅度均大于沙枣。

7 干旱胁迫对沙枣幼苗根茎叶生长及光合色素的影响

PEG 是一种惰性的非离子长链多聚体,在植物生理和组织培养上得到了广泛应用,PEG-6000 模拟干旱胁迫效果最佳(张云贵等,1994)。孙景宽等(2006)对沙枣种子萌发期的抗旱性进行了研究,但未见用 PEG-6000 模拟干旱胁迫,探讨沙枣光合色素和根茎叶生长特性响应规律的研究报道。本书在 PEG-6000 模拟干旱胁迫下,通过测定沙枣幼苗根茎叶的生长特性、可溶性蛋白、叶片光合色素,探讨沙枣幼苗生长特性、可溶性蛋白、叶片光合色素对干旱胁迫的响应规律,为沙枣耐旱机制的研究提供一定的理论参考。

7.1 材料与方法

7.1.1 实验材料

沙枣种子于成熟季节进行采集。选取饱满、大小均匀的种子备用。

7.1.2 胁迫方法

用置入 2 层纱布和 1 层滤纸的培养皿(直径 10 cm)做发芽床,每皿分别移入 7 mL 1/2 Hoagland 培养液[5 mM Ca(NO$_3$)$_2$,5 mM KNO$_3$,1 mM KH$_2$PO$_4$,50 μM H$_3$BO$_3$,1 mM MgSO$_4$,4.5 μM MnCl$_2$,3.8 μM ZnSO$_4$,0.3μM CuSO$_4$,0.1 mM (NH$_4$)$_6$Mo$_7$O$_{24}$,10 μM FeEDTA,pH(值 5.5)],沙枣种子经 0.01%HgCl$_2$ 消毒 10 min,蒸馏水冲洗干净,然后放入发芽床中,每个发芽床 25 粒种子,2 d 更换一次发芽床,培养 8 d 后,选取长势一致的沙枣移到不透光的塑料盆(25 cm×15 cm×10 cm)中水培,定时通气,每 2 d 更换一次 1/2 Hoagland 培养液,待沙枣幼苗长出第 5 对真叶时,用 1/2 Hoagland 培养液配制的 5%、10%、20%的 PEG-6000 溶液,模拟干旱胁迫处理,设置对照(CK),1/2 Hoagland 培养液,轻度干旱胁迫(T_1),5%的 PEG-6000 溶液,中度干旱胁迫(T_2),10%的 PEG-6000 溶液,重度干旱胁迫(T_3),20%的 PEG-6000 溶液,对应的渗透势大约为－0 MPa、－0.054 MPa、－0.177 MPa、－0.735 MPa(Michel et al.,1973)。每次处理重复 3 次。整个实验在 SPX－250 IC 人工气候箱中进行,恒温 25℃,相对湿度 60%,每天光照 12 h,光合有效辐射为 600 $\mu mol/(m^2 \cdot s)$。

7.1.3 测定方法

在胁迫 7 d 后,进行相关指标的测定,每个指标测定 3 次。

生长特性的测定:将沙枣从盆中取出,冲洗干净,分别测量根长和叶片数;用吸水纸吸干水后,将根、叶分离,称量根、叶鲜重,将分离的根、叶材料放入烘箱内 105 ℃杀青 15 min,85 ℃烘干至恒重,称干重。

光合色素的提取:称取 0.1 g 叶片放入研钵中加适量 80%丙酮,少许碳酸钙和石英砂,研磨成匀浆,将匀浆转入 7 mL 离心管,再加 80%丙酮洗涤研钵,一并转入离心管,4 000 rpm 离心 15 min,取上清液定容为 25 mL。将上述色素提取液转入比色杯中,以 80%丙酮为对照,用 UV2550 型分光光度计测定 470 nm、663 nm、646 nm 处 OD 值,计算按照李合生(2000)的方法。

可溶性蛋白的提取:分别取根茎叶各 0.3 g,置于预冷的研钵中,加适量的预冷的 50 mmol/L 磷酸缓冲液(含 1% PVP,pH 7)及少量石英砂,在冰浴中研磨成匀浆,将匀浆液全部转入到 15 mL 离心管中。于 2℃~4℃,12 000 rpm 离心 20 min,上清液转入 25 mL 容量瓶中,沉淀用 5 mL 磷酸缓冲液再提取 2 次,上清液并入容量瓶中,定容到刻度,4℃下保存备用(李柏林等,1989)。测定用考马斯亮蓝 G～250 染色法(张志良等,2003)。

7.1.4 数据分析

用 SPSS13.0 分别对沙枣不同胁迫水平之间进行单因素方差分析和 Duncan 多重比较。

7.2 结果与分析

7.2.1 干旱胁迫下沙枣根长、株高、叶片数的影响

干旱胁迫对沙枣根长、株高、叶片数的影响如表 7-1 所示,轻度干旱胁迫(T_1)没有对沙枣根长、株高、叶片数产生显著影响;中度干旱胁迫(T_2)下,沙枣根长和株高比对照下降了 21%、18%,对沙枣叶片数的影响不显著;重度干旱胁

迫(T_2)下,沙枣根长、茎高、叶片数分别比对照组下降了 35%、31%、28%,和对照差异均显著。从上述结果可以看出,随着干旱胁迫程度的加重,沙枣根长、株高、叶片数开始受到影响,并且沙枣的根长最先受到影响,然后株高和叶片数才逐渐受到影响,重度干旱胁迫下,沙枣根长受影响最大,株高其次,叶片数受影响最小。

表 7-1   **干旱胁迫对沙枣生长特性的影响**

处理	CK	T_1	T_2	T_3
根长/cm	11.67a	11.5a	9.23b	7.57c
株高/cm	9.60a	8.17ab	7.83b	6.63c
叶片数/片	11.0a	11.0a	11.0a	8.0b
根鲜重/g	0.164a	0.138a	0.076b	0.047c
根干重/g	0.099a	0.078a	0.056b	0.012c
茎鲜重/g	0.071a	0.056a	0.039b	0.021c
茎干重/g	0.021a	0.019a	0.015b	0.009c
叶鲜重/g	0.173a	0.162a	0.156a	0.058b
叶干重/g	0.023a	0.021a	0.021a	0.011b

注:表中同行各处理结果间标有不同字母者为5%水平差异显著,下同。

7.2.2 干旱胁迫下沙枣根茎叶鲜(干)重的影响

干旱胁迫下,沙枣根茎叶鲜重、干重的变化如表 7-1 所示,轻度干旱胁迫(T_1)下,沙枣根茎叶鲜(干)重没有和对照产生显著差异;中度干旱胁迫(T_2)下,根茎鲜(干)重开始产生显著差异,分别比对照下降了 54%(44%)、45%(29%),但中度干旱胁迫没有叶鲜(干)产生显著影响;重度干旱胁迫(T_2)下,沙枣根茎叶鲜(干)重分别比对照下降了 71%(88%)、70%(57%)、64%(52%),和对照差异均显著。上述结果表明,沙枣的根鲜(干)重最先受到影响,然后茎和叶鲜(干)才逐渐受到影响,重度干旱胁迫下,沙枣根鲜(干)重受影响最大,茎鲜(干)其次,叶鲜(干)受影响最小。

7.2.3 干旱胁迫下沙枣叶中光合色素的影响

表 7-2 展示了沙枣叶片光合色素对干旱胁迫产生了不同的响应,从表中可以看出随着干旱胁迫的加剧,沙枣叶绿素 a 含量先升高后下降,各处理和 CK 及各处理间差异均显著,在轻度胁迫下(T_1),叶绿素 a 含量最高,高出 CK 36.8%,然后逐渐下降,T_3 叶绿素 a 含量最低,低于 CK 4.8%。

表 7-2 　　　　　　　干旱胁迫对沙枣叶片色素含量（mg/gFW）的影响

处理	CK	T_1	T_2	T_3
叶绿素 a	1.25 c	1.71a	1.45b	1.19d
叶绿素 b	0.248c	0.397a	0.315b	0.230d
叶绿素 a/b	5.04b	4.31c	4.60d	5.17a
叶绿素 a＋b	1.50c	2.11a	1.77b	1.42d
类胡萝卜素	0.261d	0.404a	0.342b	0.287c

叶绿素 b 含量变化趋势和叶绿素 a 含量变化趋势一致，在轻度胁迫下（T_1），叶绿素 a 含量最高，高出 CK 60.1％，重度胁迫下（T_3），叶绿素 a 含量最低，低于 CK 7.3％，各处理和 CK 及各处理间差异均显著。

沙枣叶绿素 a/b 值随着干旱胁迫的加剧先下降后上升，沙枣在轻度（T_1）、中度胁迫（T_2）下，分别比 CK 下降 14.5％、8.7％，中度胁迫（T_2），高出 CK 2.6％，各处理和 CK 及各处理间差异均显著。

随着干旱胁迫的加剧，沙枣叶绿素 a 和 b 总含量先上升后下降，各处理和 CK 及各处理间差异均显著，沙枣在轻度（T_1）、中度胁迫（T_2）分别比 CK 上升 40.1％、18％，T_3 下降 5.3％。

沙枣类胡萝卜素含量在轻度（T_1）、中度胁迫（T_2）下分别比 CK 上升 54.8％、31％，在 T_3 胁迫下，虽然有所下降，但仍高出 CK10％，统计分析表明，各处理和 CK 及各处理间差异均显著。

7.2.4　干旱胁迫下沙枣根茎叶中可溶性蛋白变化

图 7-1 反映了干旱胁迫下沙枣根、茎、叶中的可溶性蛋白的含量变化，从图中可以看出，随着干旱胁迫的加剧，沙枣根中的可溶性蛋白先增加后下降，在轻度干旱胁迫下，沙枣根中的可溶性蛋白高出 CK 18.6％，中度和重度干旱胁迫下，沙枣根中可溶性蛋白有所下降，分别低于 CK 13.9％、29.1％。

沙枣茎中的可溶性蛋白对干旱胁迫产生了不同的响应变化，在轻度干旱胁迫下，沙枣茎中的可溶性蛋白和 CK 差异不显著，中度和重度干旱胁迫下，沙枣茎中可溶性蛋白分别高出 CK 17.2％、41.9％。

轻度和中度干旱胁迫没有对沙枣叶片中的可溶性蛋白产生显著影响，只有在重度干旱胁迫下，可溶性蛋白产生显著变化，高于 CK 24.3％，这说明沙枣叶中的可溶性蛋白对轻度和中度干旱的胁迫不敏感。

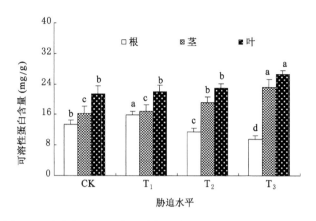

图 7-1　沙枣根、茎、叶中可溶性蛋白含量对干旱胁迫的响应

7.3　讨论

　　植物生长是许多生理过程综合作用的结果,干旱胁迫对植物个体的形态发育具有重要影响,整体表现为抑制植物的生长(贺少轩等,2009)。本研究表明,干旱胁迫到一定程度时,沙枣根长、株高,叶片数才开始受到影响,并且沙枣的根长最先受到影响,然后株高和叶片数才逐渐受到影响,根长受影响最大,株高其次,叶片数受影响最小。沙枣根茎叶干(鲜重)对干旱胁迫的响应也表现出类似规律。从沙枣的生长指标来看,沙枣对干旱胁迫具有较强的抗性,干旱胁迫较严重时,对各器官生长的抑制大小程度为:根>茎>叶,这可能和植物吸收运输水分过程相关。

　　干旱胁迫导致植物叶片中叶绿素含量的降低,是因为干旱胁迫不仅影响叶绿素的生物合成,而且加快已经合成的叶绿素的分解(Alberte et al.,1977)。张明生等(2001)对甘薯研究发现,叶绿素 a/b 比 CK 下降幅度越大,物种抗旱性越强。本研究发现,沙枣叶绿素 a 含量,叶绿素 b,叶绿素 a+b 总含量均随着干旱胁迫的加剧先升高后下降,这可能是干旱胁迫程度较轻时,沙枣通过增强光合色素的含量来缓解外界干旱环境的胁迫,但胁迫强度较严重时,沙枣的这种缓解能力有所下降。林植芳等(1984)和伍泽堂(1991)认为这可能是活性氧对叶绿素的破坏造成的,并且叶绿素 a 对干旱胁迫的反应较叶绿素 b 敏感,本研究中发现,叶绿素 b 对干旱胁迫的反应较叶绿素 a 敏感,其原因还有待进一步研究。

　　类胡萝卜素既是光合色素,又是内源抗氧化剂,除在光合作用中具有一定的功能外,在细胞内还可吸收剩余能量,淬灭活性氧,防止膜脂过氧化(Wlleken et al.,1994)。本研究发现,沙枣叶中类胡萝卜素含量随着干旱胁迫的加剧先增加后下降,这说明轻度和中度干旱胁迫引起了沙枣叶中类胡萝卜素光合能力和淬灭活性氧的能力的增强,重度胁迫下,类胡萝卜素虽有所下降,但仍高于 CK,说明重度胁迫下,类胡萝卜素仍具较强的保护能力。

陈立松等(1999)研究表明,抗旱性强的植物含有较高的可溶性蛋白,也有研究表明,随着干旱胁迫的加剧,可溶性蛋白呈下降趋势(Clifford et al.,1998),王俊刚等(2002)认为干旱胁迫下可溶性蛋白的变化程度与抗旱性有关,抗旱性强的植物在受到干旱胁迫后,其蛋白合成维持在比较稳定的水平,可溶性蛋白含量变化很小。本研究表明:轻度和中度干旱胁迫没有对沙枣叶片中的可溶性蛋白产生显著影响,只有在重度干旱胁迫下,可溶性蛋白产生显著变化,高于 CK 24.3%;在轻度干旱胁迫下,沙枣茎中的可溶性蛋白比 CK 有所下降,中度和重度干旱胁迫下,沙枣茎中可溶性蛋白又有所增加,分别高出 CK 17.2%、41.9%;在轻度干旱胁迫下,沙枣根中的可溶性蛋白高出 CK 18.6%,中度和重度干旱胁迫下,沙枣根中可溶性蛋白有所下降,分别低于 CK 13.9%、29.1%。

8 干旱胁迫对沙枣幼苗根茎叶保护酶系统的影响

在干旱胁迫条件下,植物会启动保护酶系统来清除植物体内产生的过剩自由基,其中超氧化物歧化酶(SOD)、过氧化物酶(POD)、过氧化氢酶(CAT)在清除自由基的过程中发挥了极为重要的作用,这种清除能力的大小在一定程度上体现了植物的抗旱性,所以干旱胁迫与植物保护酶活性关系的研究越来越受到重视(阎秀峰等,1999;孙国荣等,2003)。本书在 PEG-6000 模拟干旱胁迫下,通过测定沙枣幼苗根茎叶中的三种保护酶(SOD、POD、CAT)的活性,探讨沙枣幼苗不同组织保护酶对干旱胁迫的响应,为沙枣耐旱机制的研究提供一定的理论参考。

8.1 材料与方法

8.1.1 实验材料

沙枣种子于成熟季节进行采集。选取饱满、大小均匀的种子备用。PEG-6000 由天津市光复精细化工研究所生产。

8.1.2 胁迫方法

用置入 2 层纱布和 1 层滤纸的培养皿(直径 10 cm)做发芽床,每皿分别移入 7 ml 1/2 Hoagland 培养液,沙枣种子经 0.01% HgCl$_2$ 消毒 10 min,蒸馏水冲洗干净,然后放入发芽床中,每台发芽床 25 粒种子,2 d 更换一次发芽床,培养 8 d 后,选取长势一致的沙枣移到不透光的塑料盆(25 cm×15 cm×10 cm)中水培,定时通气,每 2 d 更换一次 1/2 Hoagland 培养液,待沙枣幼苗长出第 5 对真叶时,用 1/2 Hoagland 培养液配制的 5%、10%、20%的 PEG-6000 溶液(g/g),模拟干旱胁迫处理,设置对照(CK),1/2 Hoagland 培养液,轻度干旱胁迫(T$_1$),5%的 PEG-6000 溶液,中度干旱胁迫(T$_2$),10%的 PEG-6000 溶液,重度干旱胁迫(T$_3$),20%的 PEG-6000 溶液,对应的渗透势大约为 −0 MPa、−0.054 MPa、

—0.177 MPa、—0.735 Mpa(Michel et al.,1973)。每次处理 3 次。整个实验在 SPX-250 IC 人工气候箱中进行,恒温 25 ℃,相对湿度 60%,每天光照 12 h,光合有效辐射为 600 μmol/(m^2 · s)。

8.1.3　测定方法

在胁迫 7 d 后选取沙枣的根、茎、叶,将其剪碎,从中称取一定量的根、茎、叶进行保护酶测定,每项指标的测定重复 3 次,本书图中的数据均是重复 3 次的平均值。

保护酶的提取:取 0.3 g 叶片切段,置于预冷的研钵中,加适量的预冷的 50 mmol/L 磷酸缓冲液(含 1% PVP,pH 7)及少量石英砂,在冰浴中研磨成匀浆,将匀浆液全部转入 15 mL 离心管中,于 2℃~4℃,12 000 rpm 离心 20 min,上清液转入 25 mL 容量瓶中,沉淀用 5 mL 磷酸缓冲液再提取 2 次,上清液并入容量瓶中,定容到刻度,4℃下保存备用(李柏林等,1989)。SOD 的测定按照李合生(2000)的方法,以抑制 NBT 光化还原 50% 为一个酶活性单位表示。POD 的测定用愈创木酚染色法,以每 min 内 A470 变化 0.01 为一个过氧化物酶活性单位(张志良等,2003)。CAT 的测定用紫外吸收法,以 1 min 内 A$_{240}$减少 0.1 的酶量作为一个酶活性单位(Trevor et al.,1994)。

丙二醛(MDA)的提取:分别取根茎叶各 0.2 g,加入 10% TCA 2.0 mL 和少量石英砂,研磨;转移到离心管中,控制在 10 mL 以内,4 000 rpm 离心 10 min,定容到 10 mL。即为样品提取液。MDA 测定和计算按照张志良等的方法(张志良等,2003)。

8.1.4　数据分析

用 SPSS 13.0 分别对沙枣不同干旱胁迫下的保护酶和丙二醛进行统计分析,对不同胁迫水平之间进行单因素方差分析和 Duncan 多重比较。

8.2　结果与分析

8.2.1　干旱胁迫下沙枣叶中保护酶活性变化

在逆境条件下,植物体内会产生大量的自由基,SOD、POD、CAT 三种保护酶在清除自由基的过程中发挥了重要作用(Noctor et al.,1998)。SOD 能将 O$_2$$^-$ 清除氧化成 H$_2$O$_2$ 和 O$_2$,POD、CAT 是 SOD 的同工酶,它们能将 SOD 转化的 H$_2$O$_2$ 转变为 H$_2$O 和 O$_2$[9]。图 8-1 是不同干旱胁迫下沙枣叶片的 SOD 酶活

性,从图中可以看出,随着干旱胁迫的加剧,叶片的 SOD 酶活性逐渐升高。在轻度胁迫(T₁)下,SOD 酶活性与 CK 差异不显著,这说明轻度胁迫(T₁)对沙枣叶片中 SOD 酶活性没有造成影响,随着干旱胁迫的加剧,SOD 酶活性出现了显著增加,在重度胁迫(T₃)下,沙枣叶片中的 SOD 酶活性最高,高出 CK 149.9%。

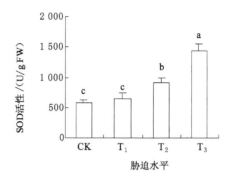

图 8-1 沙枣叶中 SOD 活性对干旱胁迫的响应

图 8-2 是不同干旱胁迫下沙枣叶片的 POD 酶活性,从图中可以看出,随着干旱胁迫的加剧,沙枣叶片的 POD 酶活性先升高后下降。在轻度胁迫(T₁)下,POD 酶活性显著高于 CK,中度(T₂)和重度胁迫(T₃)下 POD 酶活性虽有所下降,但仍显著高于 CK。

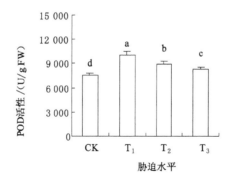

图 8-2 沙枣叶中 POD 活性对干旱胁迫的响应

图 8-3 是不同干旱胁迫下沙枣叶片的 CAT 酶活性,从图中可以看出,随着干旱胁迫的加剧,叶片的 CAT 酶活性逐渐升高。在轻度胁迫(T₁)下,CAT 酶活性与 CK 差异不显著,这说明轻度胁迫(T₁)对沙枣叶片中 CAT 酶活性没有造成影响,随着干旱胁迫的加剧,CAT 酶活性出现了显著增加,在重度胁迫(T₃)下,沙枣叶片中的 CAT 酶活性最高,高出 CK 46.6%。

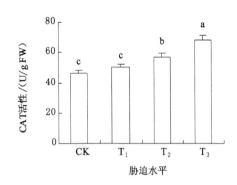

图 8-3 沙枣叶中 CAT 活性对干旱胁迫的响应

图 8-4 反映了干旱胁迫下沙枣叶片中的丙二醛的含量变化,从图中可以看出,轻度和中度干旱胁迫下,沙枣叶片中的丙二醛和 CK 相比,并没有产生显著影响,在重度干旱胁迫下,丙二醛显著增加,高于 CK 202.2%,这说明重度干旱胁迫下,沙枣叶中的膜质过氧化程度较高。

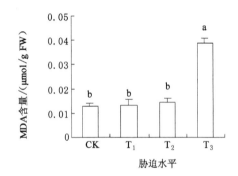

图 8-4 沙枣叶中丙二醛含量对干旱胁迫的响应

8.2.2 干旱胁迫下沙枣茎中保护酶活性变化

图 8-5 是不同干旱胁迫下沙枣茎中的 SOD 酶活性,从图中可以看出,随着干旱胁迫的加剧,茎中的 SOD 酶活性先升高后下降。在 T_1 胁迫下,SOD 酶活性最高,高出 CK 29%,随着干旱的增强,SOD 酶活性低于 CK,在 T_3 胁迫下,沙枣茎中的 SOD 酶活性最低,低于 CK 44%,这说明中度胁迫(T_2)和重度胁迫(T_3)显著降低了沙枣茎中的 SOD 酶活性。

图 8-6 是不同干旱胁迫下沙枣茎中的 POD 酶活性,从图中可以看出,随着干旱胁迫的加剧,茎中的 POD 酶活性逐渐升高。在轻度(T_1)和中度胁迫(T_2)

下,POD 酶活性显著高于 CK,但 T_1 与 T_2 的 POD 酶活性差异不显著,SOD 酶活性出现了显著增加,在重度胁迫(T_3)下,沙枣茎中的 POD 酶活性最高,高出 CK 117.8%。

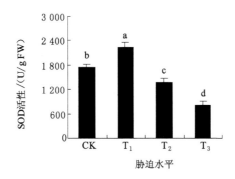

图 8-5 沙枣茎中 SOD 活性对干旱胁迫的响应

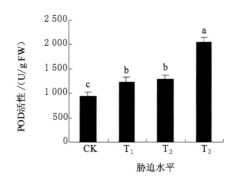

图 8-6 沙枣茎中 POD 活性对干旱胁迫的响应

图 8-7 是不同干旱胁迫下沙枣茎中的 CAT 酶活性,从图中可以看出,随着干旱胁迫的加剧,茎中的 CAT 酶活性逐渐升高。轻度(T_1)、中度(T_2)和重度胁迫(T_3)下的沙枣茎中的 CAT 酶活性分别高于 CK 30.8%、77.7%、191.7%,统计分析表明,各处理和 CK 及各处理间差异均显著,这说明沙枣茎中 CAT 酶活性对干旱胁迫比较敏感,随着干旱胁迫的增加,CAT 酶活性逐渐增强。

图 8-8 反映了干旱胁迫下沙枣茎中的丙二醛的含量变化,从图中可以看出,轻度干旱胁迫没有对沙枣茎中的丙二醛含量造成影响,随着干旱胁迫的增加,沙枣茎中丙二醛含量开始显著增加,在重度干旱胁迫下,丙二醛增加幅度最大,

高于 CK 106％,这说明重度干旱胁迫下,沙枣茎中的膜质过氧化程度也较高,但比叶中的膜质过氧化程度低。

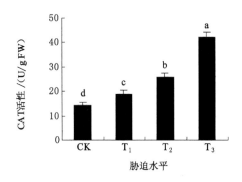

图 8-7　沙枣茎中 CAT 活性对干旱胁迫的响应

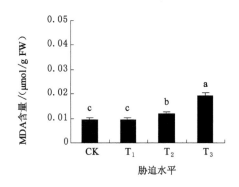

图 8-8　沙枣茎中丙二醛含量对干旱胁迫的响应

8.2.3　干旱胁迫下沙枣根中保护酶活性变化

图 8-9 是不同干旱胁迫下沙枣根中的 SOD 酶活性,从图中可以看出,随着干旱胁迫的加剧,根中的 SOD 酶活性先升高后下降。在 T_1 胁迫下,SOD 酶活性最高,高出 CK 11.5％,随着干旱的增强,SOD 酶活性虽然有所下降,但和 CK 差异不显著,这说明沙枣根中 SOD 酶活性对干旱胁迫不太敏感。

图 8-10 是不同干旱胁迫下沙枣根中的 POD 酶活性,从图中可以看出,在轻度(T_1)、中度胁迫(T_2)和重度胁迫(T_3)下,沙枣根中的 POD 酶活性均显著高于CK,但各胁迫梯度之间差异不显著,这说明在干旱胁迫下沙枣根中的 POD 酶活

性维持在一个较高的水平,没有随着干旱的加剧升高或降低。

　　图 8-11 是不同干旱胁迫下沙枣根中的 CAT 酶活性,从图中可以看出,随着干旱胁迫的加剧,根中的 CAT 活性先升高后下降。在轻度(T_1)、中度胁迫(T_2)下,沙枣根中的 CAT 酶活性逐渐升高,显著高于 CK,并且轻度和中度胁迫使沙枣根中的 CAT 酶活性产生显著差异。重度胁迫(T_3)下,沙枣根中的 CAT 酶活性虽比中度胁迫(T_2)下有所下降,但仍显著高于 CK。

　　图 8-12 反映了干旱胁迫下沙枣根中的丙二醛的含量变化,从图中可以看出,沙枣根中的丙二醛含量对干旱胁迫的响应方式和沙枣茎中丙二醛含量对干旱胁迫的响应方式相似,但中度和重度胁迫下沙枣茎中丙二醛含量增加幅度不同,沙枣根中的丙二醛含量分别高于 CK 13.9%、39.1%。

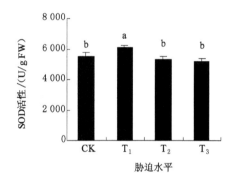

图 8-9　沙枣根中 SOD 活性对干旱胁迫的响应

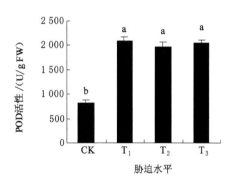

图 8-10　沙枣根中 POD 活性对干旱胁迫的响应

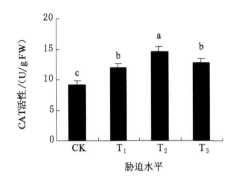

图 8-11　沙枣根中 CAT 活性对干旱胁迫的响应

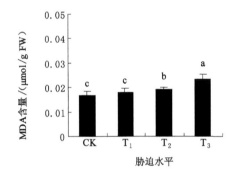

图 8-12　沙枣根中丙二醛含量对干旱胁迫的响应

8.3　讨论

SOD、POD、CAT 是保护酶系统中的关键保护酶,植物对逆境的适应能力和抗性与保护酶的活性密切相关(Lima et al.,2002;Sundar et al.,2004)。张文辉等(2004)研究发现,4 个不同种源的栓皮栎保护酶活性随着干旱胁迫的加剧,呈现先升高后下降的趋势。本研究中,沙枣根茎叶中保护酶对干旱胁迫的响应方式和上述结果不完全一致,随着干旱胁迫的加剧,沙枣叶中 SOD 酶活性和 CAT 酶活性均呈现上升趋势,这可能和二者是协同保护酶有关(孙存华等,2005),但 POD 酶活性却先上升后下降;沙枣茎中 SOD 酶活性在轻度胁迫下高于 CK,中度和重度胁迫下却低于 CK,POD 酶活性小 CAT 酶活性却随着干旱胁迫的增加呈增加趋势,这说明虽然在中度和重度胁迫下,SOD 酶活性有所下降,POD 酶和 CAT 两种酶清除 SOD 转化的 H_2O_2 的能力还在增强;随着干旱胁迫的加剧,沙枣根中 SOD 酶活性在轻度胁迫下高于 CK,中度和重度胁迫下和 CK 差异不显著,各干旱胁迫下 POD 酶活性均显著高于 CK,但各干旱胁迫之间差异不显著,CAT 酶活性先升高后下降,但仍高于 CK。

由此可见,沙枣根茎叶中三种保护酶对干旱胁迫的响应方式存在差别,同一种保护酶在沙枣不同器官中的响应方式和酶活性大小也存在差异,但它们的协同作用增强了沙枣抵抗外界干旱环境的能力。

阎秀峰等(1999)研究表明,干旱胁迫条件下,红松幼苗的膜质过氧化产物丙二醛含量出现增高。本研究表明:轻度干旱胁迫下,沙枣根、茎、叶中的丙二醛含量和 CK 均没有产生显著差异,中度干旱胁迫下,沙枣根、茎中的丙二醛含量和 CK 差异显著,而叶中的丙二醛含量和 CK 差异不显著,重度干旱胁迫下,根茎叶中的丙二醛含量和 CK 显著均差异。这表明,轻度和中度干旱胁迫下,沙枣叶中膜质过氧化程度较低,而沙枣根茎中膜质过氧化程度较高,重度干旱胁迫下,沙枣根、茎、叶中膜质过氧化程度均明显增高,沙枣不同器官的膜质过氧化程度高低顺序为:叶＞茎＞根。

9 二色补血草生长和保护酶特性对盐胁迫的响应

二色补血草[Limonium bicolor（Bunge）Kuntze.]是贝壳堤岛上生长的优势草本植物,本书通过设定盐分梯度,研究其生长和保护酶响应,以明确其部分耐盐生理机制,对于修复及保护这一独特脆弱的生态系统,实现可持续发展具有重要意义。

9.1 材料与方法

9.1.1 实验材料与处理

二色补血草种子采自滨州贝壳堤岛与湿地国家级自然保护区,自然风干后,选取饱满、大小均匀的种子,于 4 ℃低温保存。种子经 0.1% HgCl$_2$ 消毒 10 min,蒸馏水冲洗数次,播种于装有贝壳沙的塑料盆(盆高 20 cm,直径 18 cm)中,贝壳沙含盐量 0.05%。每盆播种 10 粒,共播种 30 盆。于山东省黄河三角洲生态环境重点实验室数控温室培养,自然光照,昼夜温度分别为 25±1℃ 和 15±1℃,相对湿度为(50±5)%。播种后每隔 7 d 灌溉一次 1/2 Hoagland 营养液,待出苗后,每盆定 1 株,对盆栽苗定期浇水。

播种 30 d 后,二色补血草真叶 2~3 片。选取长势一致的二色补血草幼苗,开始盐胁迫处理。共设 4 个盐处理组(50、100、200、300 mmol/L NaCl)和 1 个对照组(0 mmol/L NaCl),每一处理 6 个重复。盐处理液为 1/2 Hoagland 营养液(pH 6)和分析纯 NaCl 配制的不同浓度的盐溶液。为避免盐冲击效应,盐浓度每天递增 50 mmol/L,直至各处理预定浓度。同时,对照组浇灌等量的 1/2 Hoagland 营养液。以后每隔 3 d 灌溉一次相应浓度的处理液,使大量处理液从盆底渗出,以交换基质中以前的积余盐,避免盐分累积,保证处理期间基质盐浓度在最小范围内波动。盐胁迫时间从首次灌溉盐溶液之日算起。

9.1.2 测定内容与方法

在胁迫 30 d 后选取同一位置健康完全展开的叶片,将其剪碎,从中称取一定量的叶片对相关指标进行测定,每项指标重复测定 3 次。

保护酶的提取:取 0.3 g 叶片切段,置于预冷的研钵中,加适量的预冷的 50 mmol/L 磷酸缓冲液(含 1% PVP,pH 7)及少量石英砂,在冰浴中研磨成匀浆,将匀浆液全部转入到 15 mL 离心管中,于 2℃~4℃,12 000 rpm 离心 20 min,上清液转入 25 mL 容量瓶中,沉淀用 5 mL 磷酸缓冲液再提取 2 次,上清液并入容量瓶中,定容到刻度,4 ℃下保存备用(李柏林等,1989)。SOD 的测定按照李合生(2000)的方法,以抑制 NBT 光化还原 50% 为一个酶活性单位表示。POD 的测定用愈创木酚染色法,以每分钟内 A_{470} 变化 0.01 为一个过氧化物酶活性单位(张志良等,2003)。CAT 的测定用紫外吸收法,以 1 min 内 A_{240} 减少 0.1 的酶量为一个酶活性单位(Trevor et al.,1994)。

丙二醛(MDA)的提取:分别取根茎叶各 0.2 g,加入 10% TCA 2.0 mL 和少量石英砂,研磨;转移到离心管中,控制在 10 mL 以内,4 000 rpm 离心 10 min,定容到 10 ml,即为样品提取液。MDA 测定和计算按照张志良等的方法(张志良等,2003)。

生物量的测定:将二色补血草从盆中挖出,冲洗干净,分别测量根长和叶片数;用吸水纸吸干水后,将根、叶分离,称量根、叶鲜重,将分离的根、叶材料放入烘箱内 105 ℃杀青 15 min,85 ℃烘干至恒重,称干重。

9.2 结果与分析

9.2.1 盐胁迫对二色补血草幼苗根长和叶片数的影响

盐胁迫对二色补血草幼苗根长和叶片数影响见表 9-1。从表中可以看出,随着盐浓度的增高,二色补血草的根长和叶片数先增高后降低。50 mmol/L 盐浓度下,根长和叶片数和对照(0 mmol/L)差异不显著;当盐浓度为 100 mmol/L 时,根长和叶片数显著高于对照,分别为对照的 1.3 倍和 1.67 倍;盐浓度为 200 mmol/L 时,根长和 100 mmol/L 的根长差异不显著,叶片数为 100 mmol/L 的 0.86 倍,差异显著;300 mmol/L 盐浓度下,根长和叶片数均为对照组的 0.78 倍。说明虽然高浓度盐分对根长和叶片数产生了抑制作用,但二色补血草仍然具有较强的抵抗盐胁迫的能力。

9.2.2 盐胁迫对二色补血草根和叶鲜重、干重的影响

从表 9-1 可以看出,50 mmol/L 盐浓度二色补血草幼苗整株鲜重和干重和对照差异不显著;100、200 mmol/L 盐胁迫下显著高于对照,100 mmol/L 盐浓度下根鲜重和叶干重最高,分别为对照组的 1.35 倍和 1.6 倍,根鲜重和叶干重在这两个盐浓度下差异不显著;300 mmol/L 盐浓度下,鲜重和干重显著低于对照组。并且根和叶的生物量受盐胁迫的影响程度差异不明显。

表 9-1   盐胁迫对二色补血草生长特性的影响

NaCl 水平/(mmol/L)	0	50	100	200	300
根长/cm	23b	25b	30a	29a	18d
叶片数/片	9b	10b	15a	13b	7c
根鲜重/g	17.2b	18.8b	25.2a	23.3b	11.5c
根干重/g	3.9b	4.5b	6.8a	6.2a	3.3c
叶鲜重/g	8.1b	10.5b	12.9a	11.3a	6.4c
叶干重/g	1.6c	2.1b	2.6a	2.2b	1.1d

注:表中同行各处理结果间标有不同字母者为 5% 水平差异显著,下同。

9.2.3 盐胁迫对二色补血草叶片保护酶的影响

SOD、POD、CAT 是植物体内清除自由基的重要保护酶(Noctor et al.,1998)。SOD 能将 O_2^- 清除氧化成 H_2O_2 和 O_2,POD、CAT 能将 H_2O_2 转变为 H_2O 和 O_2(Chaitanya et al.,2002)。由图 9-1 可知,随着盐浓度的增加,二色补血草叶片中 SOD 的活性呈上升趋势,当 NaCl 溶液浓度为 50 mmol/L 时,SOD 活性和对照差异不显著;当 NaCl 溶液浓度为增大至 100 mmol/L 时,SOD 活性显著高于对照(1.46 倍),100 mmol/L 和 200 mmol/L 时 SOD 活性差异不显著,在盐浓度为 300 mmol/L 时,SOD 活性最大(2.12 倍)。说明盐浓度可显著提高二色补血草幼苗叶片中 SOD 活性。

POD 也是植物体内保护酶的一种,它能分解植物体内过多的过氧化物。从图 1 可知,随着盐胁迫的加重,二色补血草幼苗叶片中 POD 的活性呈上升势,50 mmol/L 盐胁迫下,POD 活性与对照差异不显著;盐胁迫达到 100~300 mmol/L 时,POD 活性显著升高,分别为对照的 1.31 倍、1.55 倍、1.83 倍,这表明,随着盐浓度的增加,不仅 SOD 催化产生的 H_2O_2 的能力在加强,POD 转化 H_2O_2 的能力还在加强,300 mmol/L 盐浓度下,POD 比对照的增加幅度大于 SOD。

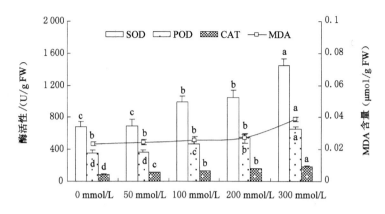

图 9-1 二色补血草叶片 SOD、POD、CAT 活性及 MDA 含量对盐胁迫的响应

CAT 也是植物体内很重要的保护酶,它能清除细胞内过多的 H_2O_2,使其维持在低水平上,进而保护膜的结构。由图 9-1 可知,二色补血草幼苗叶片中 CAT 的活性随着 NaCl 胁迫的增大,呈现出上升趋势。NaCl 溶液浓度为 50 mmol/L 时,其 CAT 活性显著高于对照,说明低盐胁迫就已能明显提高 CAT 活性。当盐胁迫为 300 mmol/L 时,CAT 活性最高,为对照的 2.57 倍,CAT 比对照的增加幅度大于 SOD 和 POD。说明高盐胁迫下 CAT 仍具有较强的清除活性氧的能力。

9.2.4 盐胁迫对二色补血草叶片丙二醛的影响

MDA 是膜脂过氧化作用的最终产物,是膜系统受伤害的重要标志之一(孙国荣等,1997)。MDA 积累越多表明组织的保护能力越弱。从图 9-1 中可知,随着盐胁迫的加重,二色补血草幼苗叶片中 MDA 含量呈现增加趋势,但盐胁迫为 50 mmol/L、100 mmol/L、200 mmol/L 时,其 MDA 含量和对照差异不显著,这说明一定盐胁迫下,二色补血草没有受到膜质过氧化伤害,这可能和保护酶具有较高的活性有关。在盐胁迫为 300 mmol/L 时,MDA 含量明显升高,为对照的 1.6 倍,说明重度盐胁迫下,二色补血草膜质过氧化伤害加重。

9.3 讨论

植物生长是许多生理过程综合作用的结果,生长基质中过高的盐浓度则会对植物产生渗透胁迫和离子毒害,两者进而作用于植物的各个生理过程,最终影响到植物的生长。盐胁迫对植物生长必然产生严重影响,严重时危及植物生命。

研究表明,植物生长基质中较高的盐浓度会抑制植物的生长(Mer et al.,2000)。本研究表明,一定浓度的盐胁迫(100 mmol/L)对二色补血草的根长和叶片数具有促进作用,分别为对照的 1.3 倍和 1.67 倍;高浓度盐胁迫(300 mmol/L)下,根长和叶片数虽然有所下降,但均为对照的 0.78 倍,说明其对盐分具有较强抵抗力。盐分胁迫不但影响直接接触的根的生长,植物体的地上部分同样受到抑制,甚至对地上部分生长的抑制大于对地下部分的抑制,根部吸收的 Na^+ 和 Cl^- 会随着蒸腾流向地上部分运输,并在叶中积累(Ramoliya et al.,2003)。据 Ungar(1991)报道,在几百 mM 的 NaCl 胁迫下,很多植物能够在叶片和茎中积累其干重百分之几的 NaCl,而根中甚至不到百分之一。因此,叶片中高浓度的 Na^+ 和 Cl^- 可能是抑制叶片生长的关键因素。高浓度盐胁迫(300 mmol/L)下,二色补血草的鲜重和干重显著低于对照,但根和叶的生物量受盐胁迫的影响程度差异不明显,这可能是大量的 Na^+ 和 Cl^- 离子被植物排出体外,没有在叶中积累。虽然盐胁迫下植物生长受到抑制的具体原因尚不清楚,但是已有三种生理机制被提出:分生组织细胞膨压的减小;光合作用的降低;成长细胞中特异性的离子毒害(Neumann,1997)。Munns 等(1986)则认为盐胁迫对植物生长的抑制分为两个阶段:第一阶段中植物生长受到的抑制主要由于土壤中的低水势引起;第二阶段中则主要由离子毒害造成。

超氧物歧化酶(SOD)一直被认为是生物体内最重要的抗氧化酶之一,它可以歧化超氧化物阴离子自由基为 O_2 和 H_2O_2,从而有效地降低活性氧自由基对膜系统的伤害。然而,SOD 在清除氧自由基时也会产生对植物体不利的 H_2O_2,而 POD、CAT 等酶能将过量的 H_2O_2 及时清除,三者协同作用能有效地防止植物体内的膜脂过氧化(McCord et al.,1969)。本研究发现,随着盐浓度的增加,二色补血草叶片中三种保护酶活性均呈上升趋势,在盐浓度为 300 mmol/L 时,SOD 活性最大达 2.12 倍;POD 酶活性达 1.83 倍,CAT 酶活性达 2.57 倍,三种保护酶变化趋势,这可能和它们是协同保护酶有关(孙存华等,2005)。虽然SOD、POD、CAT 三种保护酶对盐胁迫表现出积极的缓解响应,但高浓度盐分(300 mmol/L)下,MDA 含量也明显升高,为对照的 1.6 倍,说明高浓度盐分引起了一定程度的膜质过氧化。

从二色补血草生长和保护酶系统对盐胁迫的响应可以看出,在盐浓度 200 mmol/L 以下,生长和保护酶系统都受到了促进,即使盐浓度为 300 mmol/L 时,根长和叶片数也只下降为对照的 0.78 倍,保护酶活性最高,MDA 也是略有上升,这在一定程度上说明了二色补血草具有较强的耐盐性,可以在盐浓度为 300 mmol/L 以下的环境中生长。

10   盐胁迫对二色补血草光合生理生态特性的影响

盐分和光照强度是影响植物光合作用的主要生态因子之一,它们会对植物的光合生理参数产生重要影响。近年来,盐胁迫和光抑制对植物生长发育过程的限制作用日益突出。深入探讨植物光合生理参数对盐分和光照的响应过程,将光合生理参数与盐分和光照强度的关系定量化,可为植被恢复、栽培管理提供理论依据。

二色补血草[Limonium bicolor (Bunge.) Kuntze.]是贝壳堤岛上生长的优势草本植物,本试验通过设定盐分梯度,研究其光合生理参数对盐分和光强的响应机理,对于修复及保护这一独特脆弱的生态系统,实现可持续发展具有重要意义。

10.1   材料和方法

10.1.1   材料及处理

二色补血草种子于成熟季节采自滨州贝壳堤岛与湿地国家级自然保护区,自然风干后,选取饱满、大小均匀的种子,于 4 ℃ 低温保存。种子经 0.1% $HgCl_2$ 消毒 10 min,蒸馏水冲洗数次,播种于装有贝壳沙的塑料盆(盆高 20 cm,直径 18 cm)中,贝壳沙含盐量 0.05%,总有机碳 8.66 mg/kg,总氮 2.6 mg/kg,速效磷 6.36 mg/kg,速效钾 197.8 mg/kg。每盆播种 10 粒,共播种 30 盆。于山东省黄河三角洲生态环境重点实验室数控温室培养,自然光照,昼夜温度分别为 25±1℃ 和 15±1℃,相对湿度为(50±5)%。播种后每隔 7 d 灌溉一次 1/2 Hoagland 营养液,待出苗后,每盆定植 1 株,对盆栽苗定期浇水。

播种 30 d 后,二色补血草长出真叶 2~3 片。选取长势一致的二色补血草幼苗,开始盐胁迫处理。试验共设 4 个盐处理组(50、100、200、300 mmol/L NaCl)和 1 个对照组(0 mmol/L NaCl),每一处理 6 次重复。

10.1.2　光合指标测定

胁迫 30 d 后,设定光合有效辐射 PAR,μmol/(m^2 · s)梯度 :2 000、1 800、1 600、1 400、1 200、1 000、800、400、200、100 和 50 μmol/(m^2 · s),控制叶室内温度 25℃,CO$_2$ 390 μmol /mol^{-1},应用 CID-340 型光合作用系统测定顶端生长点下方的第 3 片叶片的净光合速率(P_n),蒸腾速率(T_r)、气孔导度(G_s)、胞间 CO$_2$ 浓度(C_i)。每个处理测定 3 张叶片,每项光合参数重复记录 6 次。另外计算下列指标:气孔限制值(L_s)=1$-$ C_i/C_a(Berry et al.,1982);瞬时水分利用效率(WUE)= P_n / T_r(Nijs et al.,1997);表观光能利用效率(LUE)= P_n/PAR(Long et al.,1993);羧化效率(CUE)= P_n / C_i(何维明等,2000)。

10.1.3　数据处理

绘制光合作用的光响应曲线,采用如下模型进行光合－光响应曲线的拟合(YE,2007)。

$$P_n = \alpha \frac{1-\beta I}{1+\gamma I}(I - LCP)$$

上式中,P_n 为净光合速率,α,β,γ 是 3 个系数,其中 α 为 I =0 时光响应曲线的初始斜率,可作为表观量子效率(AQY);β 为修正系数;I 为光合有效辐射(PAR);LCP 为光补偿点;$\gamma = \alpha/ P_{nmax}$,$P_{nmax}$ 为最大净光合速率。

依据该模拟方程,利用统计分析软件 SPSS 13.0 进行非线性回归分析,并通过求导换算得出以下参数:光补偿点(LCP)、光饱和点(LSP)、暗呼吸速率(Rd)等,并对不同盐胁迫水平之间光合生理参数进行单因素方差分析和 Duncan 多重比较。

10.2　结果与分析

10.2.1　盐分胁迫下二色补血草净光合速率的光响应

对不同盐浓度下二色补血草叶片 P_n 的光响应值进行模拟,模拟方程的 R^2 在 0.977～0.991 之间,说明模型可较好反映叶片 P_n 的光响应规律。图 10-1 显示,在一定光合有效辐射范围内,各盐分胁迫下 P_n 均随着 PAR 的增强而增大,当 PAR 超过一定范围后,这种增大趋势减弱,并伴随有下降趋势;各处理二色补血草 P_n 在 PAR 为 1 000～1 600 μmol/(m^2 · s)最高,且 P_n 的大小顺序是:50 mmol/L>100 mmol/L >CK>200 mmol/L>300 mmol/L。说明轻度的盐分胁迫(50～100 mmol/L)提高了二色补血草的 P_n,但盐分胁迫超过100 mmol/L时,其光合作用受到抑制,二色补血草幼苗维持较高 P_n 的盐分浓度为50～100 mmol/L。

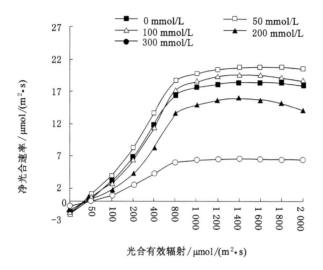

图 10-1　盐分胁迫下二色补血草净光合速率的光响应

表 10-1　　　　　　盐分胁迫对二色补血草光合生理参数的影响

盐浓度/ (mmol/L)	表观量子效率/ (μmol/mol)	暗呼吸速率/ [μmol/(m² · s)]	光补偿点/ [μmol/(m² · s)]	光饱和点/ [μmol/(m² · s)]	最大净光合速率/ [μmol/(m² · s)]
0	0.060＋0.003b	1.98＋0.09b	34＋3.3c	1513＋13.9b	18.50＋0.38c
50	0.077＋0.004a	2.44＋0.11a	34＋5.2c	1618＋16.3a	20.91＋0.76a
100	0.046＋0.002c	1.23＋0.08c	27＋1.4d	1446＋15.6c	19.72＋0.39b
200	0.030＋0.001d	1.13＋0.06d	38＋3.1b	1401＋13.4d	16.01＋0.57d
300	0.023＋0.001e	0.99＋0.03e	45＋3.2a	1399＋11.2d	6.57＋0.19e

注:同一数据中不同小写字母表示差异性显著(P ＜0.05)。

10.2.2　盐分胁迫下二色补血草蒸腾速率和气孔导度的光响应

图 10-2A 展示了盐分胁迫下二色补血草 T_r 对光合有效辐射的响应曲线,从图中可以看出,PAR 低于 1 000 μmol/(m² · s)时,各处理 T_r 随着 PAR 的升高逐渐增大,但上升速度存在差异,50 mmol/L 及对照最快,100 mmol/L、200 mmol/L 次之,300 mmol/L 最慢,PAR 高于 1 200 μmol/(m² · s)时,各处理 T_r 趋于稳定达最大值。从盐分对 T_r 影响来看,T_r 值可分为三组,0 和 50,100 和

200,300,它们随盐度增加呈下降趋势,且 PAR 越大,差异越大。研究结果表明,低盐胁迫下(50 mmol/L),二色补血草在 0～2 000 μmol/(m^2·s)范围内均具有较大的蒸腾潜力,随着盐浓度的增高,二色补血草开始通过降低 T_r 来减少体内水分的丧失。

图 10-2B 同时显示,低光强下,各处理随着 PAR 的增强,G_s 不断增大;PAR 达到 400 μmol/(m^2·s)左右时,G_s 急剧增大,此后随着 PAR 的增强,G_s 上升缓慢,趋于平缓,但 300 mmol/L 的 G_s 在 PAR 高于 1 000 μmol/(m^2·s)时呈现下降趋势。盐分对 G_s 影响与 T_r,G_s 值可分为三组,0 和 50,100 和 200,300,它们随盐度增加呈下降趋势,且 PAR 越大,差异越大。研究结果表明,高盐胁迫(300 mmol/L)加重了二色补血草 G_s 对 PAR 的敏感性。

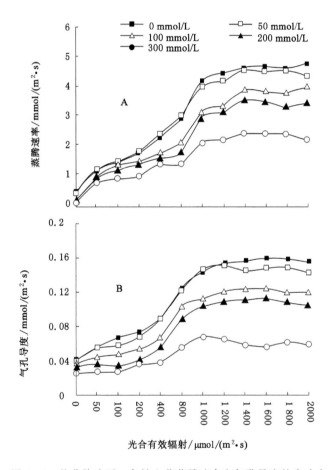

图 10-2　盐分胁迫下二色补血草蒸腾速率和气孔导度的光响应

10.2.3　盐分胁迫下二色补血草胞间二氧化碳浓度和气孔限制值的光合作用

图 10-3A 展示了盐分胁迫下二色补血草 C_i 对光合有效辐射的响应曲线,从图中可以看出,PAR 低于 $1\,000\ \mu mol/(m^2 \cdot s)$时,各处理 C_i 随着 PAR 的增强而下降,之后呈平稳变化趋势(图 10-3A)。其原因在于叶片的光合能力在一定范围内随着光强的增大而增强,其间需要消耗大量的 CO_2,从而使得 C_i 降低,而当 PAR 超过一定范围时,光合作用增幅变缓使得光合所消耗的 CO_2 与外界扩散达到平衡,从而 C_i 又趋于稳定。C_i 随盐度增加呈下降趋势,在同等 PAR 下,盐胁迫越大,C_i 越低,盐分胁迫使 C_i 减小。如图 10-3B 所示,各处理随着 PAR

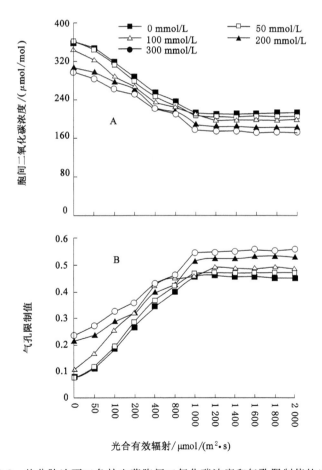

图 10-3　盐分胁迫下二色补血草胞间二氧化碳浓度和气孔限制值的光响应

的增强，L_s 不断增大，PAR 达到 1 000 μmol/(m²·s)左右时，G_s 急剧增大，然后随着 PAR 的增强，L_s 趋于稳定。同等 PAR 下，盐胁迫越大，L_s 越大，盐分胁迫使 L_s 增大。由此可见，盐胁迫没有增加 C_i 对 PAR 敏感性。

10.2.4 盐分胁迫下二色补血草水分利用效率、光能利用效率和羧化效率

10.2.4.1 水分利用效率

如图 10-4A 所示，随着 PAR 的增强，各处理 WUE 不断增大，PAR 达到 800 μmol/(m²·s)时，各处理 WUE 均达到最大值，此后随着 PAR 的增强，WUE 开始下降到一定数值呈平稳变化趋势。在 PAR 为 800 μmol/(m²·s)，WUE 的大小顺序是：100 mmol/L＞200 mmol/L＞50 mmol/L＞CK＞300 mmol/L，分别为：7.32、6.79、5.67、5.10、3.81mmol/mol。说明适度的盐分胁迫(低于 200 mmol/L)提高了二色补血草的 WUE，但盐分胁迫为 300 mmol/L 时，WUE 却低于 CK，这主要是由于盐胁迫下，P_n 下降速度比 T_r 快造成的。

10.2.4.2 光能利用效率

图 10-4B 显示，随着 PAR 的增强，各处理 LUE 不断增大，PAR 达到 200 μmol/(m²·s)时，各处理 LUE 均达到最大值，此后随着 PAR 的增强，LUE 开始下降。在 PAR 为 200 μmol/(m²·s)，LUE 的大小顺序是：50 mmol/L＞CK＞100 mmol/L＞200 mmol/L＞300 mmol/L，分别为：0.041、0.034、0.032、0.021、0.012 mmol/mol。说明低浓度盐分(50 mmol/L)提高了二色补血草的 LUE，但盐分胁迫超过 100 mmol/L 时，LUE 却低于 CK。

10.2.4.3 羧化效率

图 10-4C 显示，随着 PAR 的增强，二色补血草 CE 不断增大。在 PAR 在 0～1 000 μmol/(m²·s)之间时，除 300 mmol/L 增加缓慢，其他处理 CE 增加均较快。同等 PAR 下，各处理 CE 的大小顺序是：50 mmol/L＞100 mmol/L＞CK＞200 mmol/L＞300 mmol/L。说明低盐胁迫时(＜100 mmol/L)提高了二色补血草的 CE，但盐胁迫为 300 mmol/L 时，二色补血草的 CE 显著降低，说明盐胁迫较重时，CE 对 PAR 的变化比较敏感。二色补血草 CE 在 PAR 为 1 200～1 600 μmol/(m²·s)最高，维持较高 CE 的盐分浓度为 50～100 mmol/L。

10.3 讨论

P_n 是反映植物对盐胁迫的响应及植物抗盐能力鉴定的有效生理指标，直接

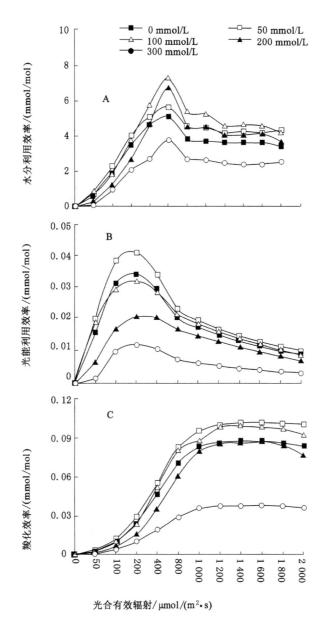

图 10-4　盐分胁迫下二色补血草水分利用率、光能利用率、羧化效率对光强的响应

反映光合作用的能力。在二色补血草光响应过程中,随着 PAR 的增大,各处理 P_n 差异变大,轻度的盐分胁迫(50 ～100mmol/L)提高了二色补血草的 P_n ,但盐分胁迫超过 100 mmol/L 时,其光合作用受到抑制。一般植物正常生长条件下的表观量子效率值(AQY)一般在 0.03～0.06 之间(李合生等,2000)。本研

究中二色补血草在盐浓度为 50 mmol/L 时 AQY 最高为 0.077,高于一般植物 AQY,可见二色补血草具有较强的光能利用潜力。植物 LSP 和 LCP 常作为衡量植物需光特性的生理指标,其高低则分别直接反映了植物对弱光的利用能力,以及植物对光照强度耐受性,通常对光的生态适应能力强的植物表现出高 LSP 与低 LCP 的特点(尚海琳等,2008;伍维模等,2007)。一般阳生植物 LSP 在 540 $\mu mol/(m^2 \cdot s)$ 以上,LCP 在 13~36 $\mu mol/(m^2 \cdot s)$ 之间;而阴性植物的 LSP 一般在 90~180 $\mu mol/(m^2 \cdot s)$ 之间,LCP 在 10 $\mu mol/(m^2 \cdot s)$ 以下(夏江宝等,2011)。在盐浓度为 50~100 mmol/L 时,二色补血草,LSP 最高,LCP 最低,表明在此盐分条件下,二色补血草利用光的能力较强,光照生态幅最宽,有利于有机物质的积累;LSP 在盐分浓度为 300 mmol/L 时最低[约 1 400 $\mu mol/(m^2 \cdot s)$],LCP 在盐分浓度为 200 mmol/L 时最低[27 $\mu mol/(m^2 \cdot s)$],可见二色补血草为喜光的阳生植物。

本研究结果表明,高浓度盐分(300 mmol/L)的 P_n、T_r、G_s、WUE、LUE、CE 对 PAR 的响应曲线和 CK 差异较大,说明高浓度盐分胁迫加重了二色补血草对 PAR 的敏感性。各处理 PAR 达到 800 $\mu mol/(m^2 \cdot s)$ 时,WUE 均达到最大值,适度的盐分胁迫(低于 200 mmol/L)提高了二色补血草的 WUE;在 PAR 为 200 $\mu mol/(m^2 \cdot s)$,各处理 LUE 均达到最大值,低浓度盐分(50 mmol/L)提高了二色补血草的 LUE,但盐分胁迫超过 100 mmol/L 时,LUE 却低于 CK。CE 在 PAR 为 1 200~1 600 $\mu mol/(m^2 \cdot s)$ 最高,维持较高 CE 的盐分浓度为 50~100 mmol/L。由此可见,二色补血草的 WUE、LUE、CE 的最优 PAR 和盐分范围存在一定的差异,低 PAR 下有利于光能的利用,中 PAR 下有利于水分的利用,高 PAR 下提高 CO_2 的利用;WUE 对盐分的适应范围最大,CE 其次,LUE 最小。

综上所述,二色补血草的光合生理参数与光强和盐胁迫有密切关系,而且具有明显的阈值响应。其光合生理参数的光响应呈现出一定的适应性,表明二色补血草对光强和盐胁迫的适应性及利用能力较强,对逆境具有较强的适应能力。

11 孩儿拳种子萌发特性和抗氧化系统对盐胁迫的响应

植物种子耐盐性是耐盐碱植物筛选与早期鉴定的主要依据之一(阎顺国等,1996)。种子能否在盐胁迫下萌发成苗,幼苗能否顺利度过成熟期,是植物在盐碱条件下生长发育的前提,因此研究盐胁迫下种子萌发生理和幼苗生长具有重要意义(孙国荣等,1999)。植物对盐分胁迫的反应和适应是一个复杂的生理过程,是植物体内一系列生理生化过程综合作用的结果,不同植物甚至同一种类的不同品种植株,对盐胁迫的反应及其适应机制也不尽相同。

本研究通过 NaCl 盐溶液梯度胁迫实验,对孩儿拳种子萌发过程进行耐盐特性研究,探讨盐胁迫下孩儿拳头种子萌发特性、保护酶和膜质过氧化程度,以期揭示其抗盐机理,为孩儿拳头的引种驯化提供理论参考。

11.1 材料和方法

11.1.1 实验材料

孩儿拳种子于成熟季节从蓟州区山区采集,选取健康饱满均一的种子备用。

11.1.2 种子萌发实验条件控制

种子萌发实验中所用的盐溶液是用 1/2 Hoagland 培养液配制的 NaCl 溶液,共设 4 个盐浓度 50、100、150、200 mmol/L,以 1/2 Hoagland 培养液为对照(0)。选取大小均一、饱满的种子,用自来水冲洗干净,30% H_2O_2 消毒 4 min,无菌水冲洗 3 次,吸干。以放有两层纱布一层滤纸的培养皿(直径 9 cm)为发芽床,分别加入 5mL 上述溶液,将种子摆入其中,每一培养皿 25 粒种子,每一浓度 4 个重复,放入 SPX-250 IC 人工气候箱中,25℃恒温下,相对湿度 60%,在日/夜变换光照下(光照 12 h /黑暗 12 h)萌发,每日定时更换纱布、滤纸和盐溶液,以保持各处理的盐浓度不变。

11.1.3　指标测量和计算

种子萌发实验过程中每 24 h 观察一次,当胚根突出种皮时,即被认为萌发,统计种子萌发数,计算种子总萌发率(%)= $n/N \times 100\%$,式中,n 为萌发种子数,N 为供试种子数。种子萌发结束后,测定全部幼根的长度、幼苗鲜重,然后取其平均值。

11.1.4　保护酶活性和丙二醛的测定

保护酶的提取:取 0.3 g 叶片切段,置于预冷的研钵中,加适量的预冷的 50 mmol/L 磷酸缓冲液(含 1% PVP,pH 7)及少量石英砂,在冰浴中研磨成匀浆,将匀浆液全部转入到 15 mL 离心管中,于 2℃~4℃,12 000 g 离心 20 min,上清液转入 25 mL 容量瓶中,沉淀用 5 mL 磷酸缓冲液再提取 2 次,上清液并入容量瓶中,定容到刻度,4℃下保存备用(李柏林等,1989)。SOD 的测定按照李合生(2000)的方法,以抑制 NBT 光化还原 50% 为一个酶活性单位表示。POD 的测定用愈创木酚染色法,以 1 min 内 A_{470} 变化 0.01 为一个过氧化物酶活性单位(张志良等,2003)。CAT 的测定用紫外吸收法,以 1 min 内 A_{240} 减少 0.1 的酶量为一个酶活性单位(Trevor et al.,1994)[7]。

丙二醛(MDA)的提取:分别取根茎叶各 0.2 g,加入 10% TCA 2.0 mL 和少量石英砂,研磨;转移到离心管中,控制在 10 ml 以内,4000×g 离心 10 min,定容到 10 mL。即为样品提取液。MDA 测定和计算按照张志良等的方法(张志良等,2003)。

11.1.5　统计分析

所得数据用 SPSS 13.0 软件进行统计分析,Excel 软件绘图,通过 95% 水平上单因子方差(One-Way ANOVA)检验,分析结果以百分率±标准误差表达。

11.2　结果与分析

11.2.1　NaCl 对孩儿拳种子萌发特性的影响

盐胁迫下种子的萌发率基本反映了植物种子萌发期的耐盐特性。图 11-1 展示了盐胁迫对孩儿拳种子总萌发率影响,从图中可以看出,随着 NaCl 溶液浓度的增加,孩儿拳种子的总萌发率呈下降趋势且浓度越高下降趋势愈加明显。

但当 NaCl 溶液浓度为 50 mmol/L 时,总萌发率与对照组并无明显差异,说明低浓度的盐溶液对孩儿拳种子总萌发率并没有显著影响。当 NaCl 溶液浓度为 100 mmol/L 时种子的总萌发率开始明显低于对照组,说明 100 mmol/L 的 NaCl 溶液对孩儿拳种子的萌发有一定的影响。随着 NaCl 溶液浓度的增大其下降趋势愈加明显,说明高浓度的 NaCl 溶液对孩儿拳种子的萌发有一定的抑制作用。

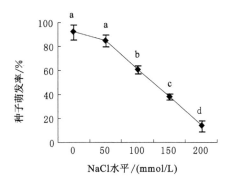

图 11-1   孩儿拳种子总萌发率对盐胁迫的响应

　　根与芽的生长状况是研究盐胁迫对种子萌发影响的重要指标。图 11-2 为盐胁迫下孩儿拳的幼根长度生长状况,从图中可以看出,随着 NaCl 溶液浓度的增加,孩儿拳种子萌发后的幼根长度呈先增加后下降趋势。当 NaCl 溶液浓度为 50 mmol/L 时,幼根长度显著高于对照,说明低浓度的盐溶液对孩儿拳幼根长度具有促进作用。但当盐溶液浓度高于 100 mmol/L 时,孩儿拳幼根长度显著下降。在盐溶液浓度为 200 mmol/L 时,幼根长度受影响最大,仅为对照的 26.7%。

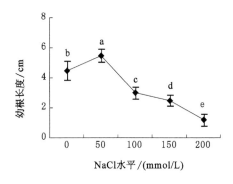

图 11-2   孩儿拳幼根长度对盐胁迫的响应

表 11-1 为盐胁迫下孩儿拳单株幼苗鲜重,从表中可以看出,随着 NaCl 溶液浓度的增加,孩儿拳单株幼苗鲜重呈先增加后下降趋势。NaCl 溶液浓度为 50 mmol/L 时,孩儿拳的幼苗鲜重高于对照,然后,随着 NaCl 溶液浓度的增加,幼苗鲜重亦呈逐步下降趋势,200 mmol/L 时受影响最大。由此可见,幼苗鲜重和幼根长度对盐胁迫的响应方式一致。

表 11-1 孩儿拳单株幼苗鲜重对盐胁迫的响应

NaCl 水平/(mmol/L)	0	50	100	150	200
单株幼苗鲜重/g	1. 25b	1.75a	0.96c	0.82d	0.48e

11.2.2 NaCl 对孩儿拳保护酶活性的影响

抗氧化系统可在一定程度上清除过量活性氧,维持体内活性氧水平的动态平衡。抗氧化系统主要包括超氧化物歧化酶、过氧化物酶、过氧化氢酶(Catalase,CAT)等抗氧化酶。图 11-3 为盐胁迫下孩儿拳萌发种子的 SOD 活性图。从图中可以看出,随着盐浓度胁迫的加重,孩儿拳 SOD 活性先增加后下降。当 NaCl 溶液浓度为 50 mmol/L 时,SOD 活性和对照差异不显著。当 NaCl 溶液浓度为增大至 100 mmol/L 时,SOD 活性显著高于对照,说明此盐浓度可显著提高孩儿拳萌发种子的 SOD 活性。在盐浓度为 150 mmol/L 时,SOD 活性最大,为对照的 2.34 倍。当盐溶液浓度为 200 mmol/L 时,其活性有所下降但仍高于对照组,说明盐胁迫过重导致了 SOD 活性的下降。

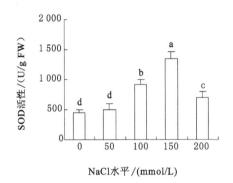

图 11-3 孩儿拳 SOD 活性对盐胁迫的响应

图 11-4 为盐胁迫下孩儿拳萌发种子的 POD 活性图。从图中可以看出,随

着盐胁迫的加重,POD 活性呈现持续上升趋势,但 50 mmol/L 和 100 mmol/L 盐胁迫下,POD 活性差异不显著。盐胁迫达到 200 mmol/L 时,POD 活性为对照的 4.32 倍。这表明虽然 SOD 催化产生的 H_2O_2 的能力有所下降,POD 转化 H_2O_2 的能力还在加强。

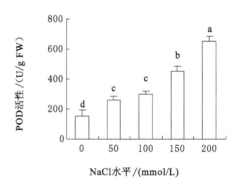

图 11-4　孩儿拳 POD 活性对盐胁迫的响应

图 11-5 为盐胁迫下孩儿拳萌发种子的 CAT 活性图。从图中可以看出,随着盐胁迫的加重,孩儿拳萌发 CAT 活性呈现先上升后下降的趋势。其变化趋势和 SOD 活性基本一致。当 NaCl 溶液浓度为 50 mmol/L 时,其 CAT 活性显著高于对照组,说明低盐胁迫就已能明显提高 CAT 活性。当盐胁迫为 150 mmol/L 时,CAT 活性最高,为对照 2.57 倍。盐胁迫继续加重后,其活性有所下降,但仍高于对照组,说明高盐胁迫下 CAT 仍具有较强的清除活性氧的能力。

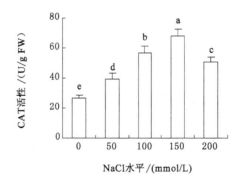

图 11-5　孩儿拳 CAT 活性对盐胁迫的响应

11.2.3 NaCl 对孩儿拳丙二醛含量的影响

在盐胁迫下,活性氧自由基产生与清除之间的动态平衡被破坏从而过量积累,过多的活性氧自由基可以与关键性生物大分子如蛋白质、核酸等发生反应,改变其生理功能,引起植物体伤害甚至死亡,活性氧还可作用于细胞膜,使膜脂质过氧化,破坏正常的膜结构,增加膜的通透性(王建华等,1989)。随着盐胁迫的加重,丙二醛含量呈现增加趋势,但盐胁迫为 50 mmol/L 和 100 mmol/时,其丙二醛含量和对照差异不显著,这说明轻度盐胁迫下,孩儿拳没有受到膜质过氧化伤害,这可能和保护酶具有较高的活性有关。在盐胁迫为 150 mmol/L 时,丙二醛含量显著高于对照,盐胁迫为 200 mmol/L 时,丙二醛含量最高,为对照的 2.35 倍,说明重度盐胁迫下,孩儿拳膜质过氧化伤害加重。

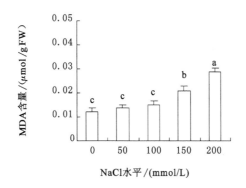

图 11-6 孩儿拳 MDA 含量对盐胁迫的响应

11.3 讨论

盐胁迫对某些植物种子萌发的抑制作用主要是渗透胁迫和离子毒害作用,使其萌发率降低(段德玉等,2004)。本研究中,随着盐胁迫加重,孩儿拳种子萌发率呈下降趋势,对盐胁迫的响应方式和上述结果一致。在低浓度盐胁迫(50 mmol/L)下,孩儿拳幼根长度和幼苗鲜重均高于对照,这可能是轻度盐胁迫的促进作用引起的。随着胁迫的加重,孩儿拳幼根长度、幼苗鲜重均呈下降趋势,可能由于同化量减少,渗透调节能耗和维持能耗导致生长量和积累量减少(罗庆云等,2001)。

超氧物歧化酶(SOD)一直被认为是生物体内最重要的抗氧化酶之一,它可以歧化超氧化物阴离子自由基为 O_2 和 H_2O_2,从而有效地降低活性氧自由基对膜系统的伤害。然而,SOD 在清除氧自由基时也会产生对植物体不利的 H_2O_2,POD、CAT 等酶能将过量的 H_2O_2 及时清除,三者协同作用能有效防止植物体内的膜脂过氧化(McCord et al.,1969)。本研究发现,在盐胁迫浓度较低时,SOD 酶活性显著高于对照,当盐胁迫浓度达到 200 mmol/L 时,SOD 活性开始下降,这可能是盐胁迫强度超出了孩儿拳 SOD 酶的保护能力造成的,CAT 酶活性随着盐胁迫浓度的增加,变化趋势和 SOD 酶活性相似,这可能和二者是协同保护酶有关(孙存华等,2005)。POD 酶活性随着盐胁迫的增加呈升高趋势,尤其在 SOD 酶活性开始下降时,POD 酶活性仍在增加,这说明,虽然 SOD 酶将超氧自由基转化为 H_2O_2 的能力有所下降,POD 酶把 H_2O_2 转换为 O_2 和 H_2O 的能力仍在较高水平。

由此可见,低浓度盐胁迫(50 mmol/L)下,孩儿拳种子总萌发率和对照差异不显著,幼根长度和幼苗鲜重却高于对照,随着盐胁迫的增加,种子萌发率、幼根长度和幼苗鲜重均呈下降趋势,但其 SOD、POD、CAT 三种保护酶对盐胁迫表现出积极的缓解响应,这在一定程度上说明了孩儿拳具有一定的耐盐性,但在盐浓度达到 200 mmol/L 时,孩儿拳 SOD、CAT 均明显下降,MDA 大量增加,又说明其种子萌发期的耐盐性具有一定的局限性。植物在整个发育期对盐分的敏感性可能是不同的(Rogers et al.,1991)。要全面了解其耐盐性,还需对其成株期的耐盐特性进行深入研究。

12 黄河三角洲贝壳堤典型建群植物养分吸收积累特征

　　氮磷钾作为植物生长发育所必需的营养元素,在植物体构成和生理代谢方面发挥着重要作用(甘露等,2008),目前,植物体内营养元素含量及其分配特征是当前生态系统物质循环研究的重要内容(曾德慧等,2005;林慧龙等,2005)。植物体营养物质的浓度被用来估计植物对营养物质的吸收和利用价值,并通过植物体不同部位营养元素的化学计量比来判断对植物生长有限制作用的营养元素种类(Chen et al.,2004;Zhang et al.,2004)。同时,研究植物对营养元素吸收利用将有助于从机理上解释植被对环境变化的适应与响应机制,也是判断环境对植物生长的养分供应状况的最有效的指标之一(李香珍等,1998)。因此,深入开展植物体养分含量与分配特征的研究具有重要的理论和实践意义。

　　本书通过对黄河三角洲贝壳堤岛上 8 种主要建群种植物不同部位全氮、全磷、全钾等营养元素的含量及分布进行研究,明确该区域生态系统中重要生命元素的生物地球化学循环特征,以期为本区域生物多样性保护与生态系统恢复提供理论指导。

12.1　材料与方法

12.1.1　研究区概况

　　无棣贝壳堤岛与湿地系统自然保护区位于山东省无棣县北部和中东部的浅海区域和滨海低地,总面积约 435.4 km²,地理坐标为北纬 38°02′50.51″～38°21′06.06″,东经 117°46′58″～118°05′42.95″。该区域贝壳岛和由其组成的贝壳堤是 7 000 多年来渤海成陆过程中的重要产物,它与美国路易斯安那州贝壳堤、苏里南国贝壳堤并称为世界三大古贝壳堤。该区处于暖温带东亚季风大陆性半湿润气候区,气候温和,四季分明,干湿明显,分布着大面积的滩涂、沼泽,形成了独特的泥质海岸湿地生态系统。保护区属于暖温带落叶阔叶林区,暖温带北部落叶栎林地带。主要生长一年生碱蓬、多年生柽柳及其他盐生草本植物和草甸植被,由于贝壳堤岛上含浅层淡水,因此还保留有大片的陆生荒漠植被,植物资源丰富。

12.1.2　样品采集

取样地点主要位于无棣县贝壳堤岛汪子堡至大口河一带。样地选择植被表观均一,没有明显的间断存在,植被连续覆盖面积 $30\sim50\ m^2$ 的主要建群植物种类。主要采集的建群植物种类包括:柽柳(Tamarix chinensis)、杠柳(Periploca sepium)、芦苇(Phragmites communis)、蒙古蒿(Artemisia mongolica)、沙打旺(Astragalus adsurgens)、二色补血草(Limonium bicolor)、狗尾草(Setaria viridis)和砂引草(Messerschmidia sibirica)共 8 种。样品采用多点随机取样法,采集一定数量的包括根系在内的完整植物样品。

12.1.3　样品处理与测定

将采集到的植物体根上的泥土用蒸馏水冲洗干净后晾干,然后剪取每株植物的根、茎、叶分别装袋,将所有样品置于烘箱中,$80\sim90\ ℃$ 烘 $15\sim30\ min$ 杀青,然后,降温至 $60\sim70\ ℃$,再烘大约 $12\sim24\ h$ 至样品恒重。将烘干后的植物样品磨碎、过筛,以备氮、磷、钾养分的测定。

植物样品营养元素含量测定采用 $H_2SO_4-H_2O_2$ 消煮,植物全氮的测定采用开氏法,全磷测定采用钼锑抗比色法,全钾的测定采用火焰光度法进行。

12.1.4　数据处理

所有的统计分析均采用 Excel 2003 和 SPSS 13.0 软件进行。

12.2　结果与分析

12.2.1　不同植物营养元素吸收量的差异

营养元素在植物中的生物循环过程,是相对独立的,按其自身固有循环方式进行,植物特有的循环方式可以改变营养元素地球化学循环过程的方向及其强度(熊汉锋等,2007)。因此,不同植物种类对其所生长的土壤中营养元素的吸收积累量具有一定的差异。本研究中黄河三角洲贝壳堤岛 8 种植物对土壤中氮、磷、钾的平均吸收积累量如图 12-1 所示。

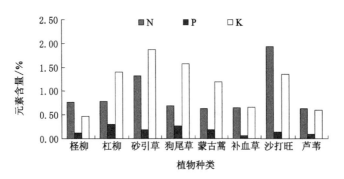

图 12-1　植物对营养元素的吸收积累量

由图可见,8 种植物类型中,以沙打旺对氮的吸收量最大,砂引草次之,其吸收量分别达到植物体干重的 1.93％和 1.32％;蒙古蒿和芦苇对氮的吸收量最小,其吸收量分别为植物体干重的 0.64％和 0.63％。氮元素在 8 种植物体干重中所占的百分比由大至小的顺序为:沙打旺＞砂引草＞杠柳＞柽柳＞狗尾草＞二色补血草＞蒙古蒿＞芦苇。

8 种植物对磷元素的吸收量以杠柳最大,狗尾草次之,其吸收量分别达到植物体干重的 0.29％和 0.26％;以芦苇和二色补血草对磷的吸收量最小,其吸收量分别为植物体干重的 0.10％和 0.07％。磷元素在 8 种植物体干重中所占的百分比由大至小的顺序为:杠柳＞狗尾草＞砂引草＞蒙古蒿＞沙打旺＞柽柳＞芦苇＞二色补血草。与氮元素的吸收量相比,植物对磷的吸收量明显较少。

8 种植物对钾元素的吸收量以砂引草最大,狗尾草次之,其吸收量分别达到植物体干重的 1.87％和 1.58％,以芦苇和柽柳对钾的吸收量最小,其吸收量分别为植物体干重的 0.59％和 0.48％。钾元素在 8 种植物体干重中所占的百分比由大至小的顺序为:砂引草＞狗尾草＞杠柳＞沙打旺＞蒙古蒿＞二色补血草＞芦苇＞柽柳。

从图中还可以看出,8 种植物对氮和钾的吸收与积累量基本处于同一数量级,均表现为对氮钾的吸收与积累量明显超过对磷的吸收与积累量,但不同植物品种表现出不同的吸收积累特征。柽柳、沙打旺对氮的吸收与积累量高于对钾的吸收量,而杠柳、砂引草、狗尾草、蒙古蒿对氮的吸收积累量低于对钾的吸收量,二色补血草与芦苇对氮钾的吸收积累量基本相等。

12.2.2　植物不同部位营养元素吸收与富集性能

生态系统的功能基础是物质和能量的积累,而营养元素积累是生态系统中最重要的物质积累形式,对维持生态系统的结构和功能起着重要作用。由于植物的根、茎、叶等不同部位对维持生态系统结构和功能所发挥的作用不同,因此,植物不同部位对养分的吸收与积累量也是不同的。本研究分别对氮、磷、钾三种营养元素在 8 种植物根、茎、叶的积累量进行分析,得到氮、磷、钾三种营养元素在植物根、茎、叶组织中积累情况分别见图 12-2、图 12-3 和图 12-4。

12.2.2.1 根部营养元素积累特征

图 12-2 反映的是氮、磷、钾三种营养元素在 8 种植物根部积累量的差异。由图可见,三种营养元素在 8 种植物根部积累量的变异情况分别为:氮 0.45% ~1.68%,均值为 0.71%;磷 0.10%~0.18%,均值为 0.14%;钾 0.28%~1.37%,均值为 0.82%。8 种植物中,根部氮积累量最大的是沙打旺,最小的是柽柳;磷积累量最大的是杠柳,最小的是芦苇;钾积累量最大的是蒙古蒿,最小的是柽柳。从图 12-2 上还可以看出,8 种植物根部氮元素和钾元素的变异较大,而磷元素的变异则较小。

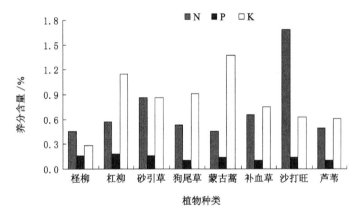

图 12-2　植物根部营养元素含量

12.2.2.2 茎部营养元素积累特征

图 12-3 反映的是氮、磷、钾三种营养元素在 8 种植物茎部积累量的差异。由图可以看出,三种营养元素在不同植物茎部积累量的变异情况分别为:氮 0.31%~1.58%,均值为 0.65%;磷 0.05%~0.33%,均值为 0.14%;钾 0.43% ~3.10%,均值为 1.32%。8 种植物中,茎部氮积累量最大的是沙打旺,最小的是杠柳;磷积累量最大的是狗尾草,最小的是柽柳;钾积累量最大的是砂引草,最小的是芦苇。图 12-3 上还反映出三种营养元素在 8 种植物茎部积累量的变异均较大,其积累量的最大值与最小值的倍数达到了 4~7 倍。

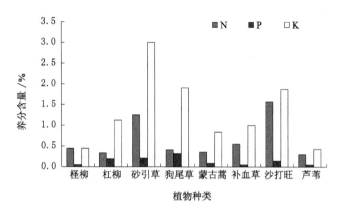

图 12-3　植物茎部营养元素含量

12.2.2.3　叶部营养元素积累特征

图 12-4 反映的是氮、磷、钾三种营养元素在 8 种植物叶部积累量的差异。由图可见,三种营养元素在叶部积累的变异情况分别为:氮 0.72%～2.53%,均值为 1.41%;磷 0.05%～0.52%,均值为 0.23%;钾 0.23%～1.91%,均值为 1.27%。8 种植物中,叶部氮积累量最大的是沙打旺,最小的是二色补血草;磷积累量最大的是杠柳,最小的是二色补血草;钾含积累最大的是狗尾草和杠柳,最小的是二色补血草。从图 12-4 上还可以看出,8 种植物叶部以磷元素变异最大,钾元素次之,除二色补血草外,氮元素在其余 7 种植物叶部积累量的变异相对较小。

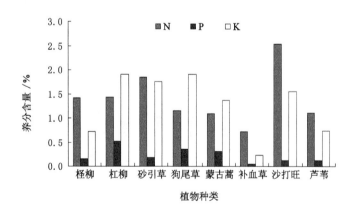

图 12-4　植物叶部营养元素含量

12.2.3 植物体 N/P、N/K 比特征

生态化学计量学是分析多重化学元素的质量平衡对生态交互作用影响的一种理论(Elser et al.,1996)。生态化学计量比可以用来判断限制有机体生长、发育或繁殖的元素种类及其利用价值。它为研究植物体尤其是叶片养分浓度与养分限制性的关系、不同植物对 N/P 养分的利用价值提供了新的思路和手段(曾德慧等,2005)。目前已有许多关于植物叶部氮磷养分生态化学计量学的研究(甘露等,2008;熊汉锋等,2007;郑淑霞等,2006)。本书基于不同植物及不同部位对营养元素吸收与积累的数据,对不同植物及其不同部位的生态化学计量特征进行分析。

12.2.3.1 不同植物间 N/P、N/K 比

表 12-1 显示的是黄河三角洲贝壳堤岛 8 种植物体干重条件下,其体内对营养元素氮、磷、钾的积累量的比值。从表 12-1 可以看出,不同植物品种间三种元素的比值呈现不同比例的变化。就不同植物品种对氮和磷的吸收积累量比值来看,以沙打旺对氮磷积累量的差异最大,二色补血草次之,8 种植物对氮的积累量均超过磷;就不同植物品种对氮和钾的吸收积累比值来看,柽柳、沙打旺、芦苇三种植物对氮的吸收积累量大于钾,而其他五种植物对氮的吸收积累量却小于钾。这一结果说明,不同植物类群间对不同营养元素的需求是不同的,如沙打旺对氮的需求量较大,而如杠柳、狗尾草等对钾的需求量较大。本研究中所涉及的所有植物品种对磷的吸收积累量均小于氮和钾。

表 12-1　　　　　　　　贝壳堤岛植物 N/P 和 N/K 比

植物品种	N/P	N/K
柽柳	6.29	1.61
杠柳	2.65	0.56
砂引草	6.97	0.71
狗尾草	2.68	0.44
蒙古蒿	3.50	0.53
二色补血草	9.14	0.97
沙打旺	14.26	1.43
芦苇	6.63	1.08

12.2.3.2 不同部位间 N/P、N/K 比

表 12-2 显示了黄河三角洲植物不同部位的 N/P、N/K 比特征。有研究表

明,植物叶部的生物地球化学组分相对稳定,因此,植物叶片的养分组成研究已成为植物生态化学计量学的重要内容。从植物营养学的理论来讲,植物体根部养分的积累表明了植物对营养的吸收能力;茎部的养分含量变化较大,因为茎部是植物养分的传输通道;叶部的植物养分含量体现了植物对养分的利用与积累能力。由表 12-2 可以看出,不同植物组织的 N/P、N/K 比均以叶部的较大,根部次之,茎部较小。从叶部 N/P、N/K 比值可以得出,如果不考虑植物生长环境中的氮、磷含量对植株叶片中氮、磷、钾积累量的影响,贝壳堤岛植物正常生长状况下叶片组织中 N/P 比的范围为 2~20,N/K 比的范围为 0.6~3.2。

表 12-2 贝壳堤岛植物不同部位 N/P 和 N/K 比

植物品种	根		茎		叶	
	N/P	N/K	N/P	N/K	N/P	N/K
柽柳	2.73	1.61	8.94	1.01	9.25	1.98
杠柳	3.18	0.50	1.78	0.30	2.79	0.75
砂引草	5.18	1.00	5.81	0.42	9.91	1.05
狗尾草	4.98	0.58	1.25	0.21	3.33	0.60
蒙古蒿	3.14	0.33	3.72	0.42	3.59	0.80
二色补血草	6.39	0.88	9.31	0.55	14.76	3.12
沙打旺	12.10	2.67	11.03	0.84	20.43	1.63
芦苇	4.86	0.81	5.46	0.73	8.54	1.50

12.3 讨论

黄河三角洲贝壳堤岛 8 种植物对氮、磷、钾三种营养元素的吸收能力各有不同。以植物体干重条件下营养元素积累量进行排序,氮元素累积由大到小的顺序为:沙打旺>砂引草>杠柳>柽柳>狗尾草>二色补血草>蒙古蒿>芦苇;磷元素累积由大到小的顺序为:杠柳>狗尾草>砂引草>蒙古蒿>沙打旺>柽柳>芦苇>二色补血草;钾元素累积由大到小的顺序为:砂引草>狗尾草>杠柳>沙打旺>蒙古蒿>二色补血草>芦苇>柽柳。植物对养分吸收与积累量的差异一方面和植物本身的遗传特性有关,另一方面也可能和植物生长环境中各种养分含量差异有关。8 种植物对生长环境的要求不同,如沙打旺、狗尾草等为沙生植物,柽柳、砂引草、芦苇等为盐生植物,不同的生境条件下,土壤中养分的含量不同,从而导致了植物体对不同养分吸收与积累量的差异。

　　由于植物根、茎、叶不同器官在植物生长过程中,对养分的利用效率不同,因此营养元素在植物不同部位的积累量存在一定的变异。本研究中的 8 种植物其具体表现为:根部氮元素和钾元素变异较大,而磷元素变异较小;三种营养元素在 8 种植物茎部变异均较大;叶部以磷元素变异最大,钾元素次之,除二色补血草外,氮元素在其余 7 种植物叶部的变异相对较小,这种变异的存在,可能与取样时植物所处的不同生长阶段有一定的关系。另外,植物根、茎、叶等不同器官在植物生长过程中发挥着不同的功能,植物不同部位对营养元素的吸收与累积能力同样具有一定的差异。本研究中所涉及的 8 种植物品种,对营养元素的积累能力均以叶部最强,根次之,茎部最小。

　　从本研究中 8 种植物叶部 N/P、N/K 比值可以得出,如果以叶片组织中营养元素含量为参照,不考虑植物生长环境中的氮磷钾含量对植株叶片中氮磷钾积累量的影响,那么要维持贝壳堤岛植物的正常生长,则维持环境中 N/P 比的范围为 2～20,N/K 比的范围为 0.6～3.2 是较为合理的选择。

参 考 文 献

[1] ALBERTE R S,THORNBER J P,FISCUS E L. Water stress effects in the content and organization of chlorophyll in mesophyll and bundle sheach chloroplasts of maize [J]. Plant Physiology,1977,59:381-353.

[2] ALLISON G B, BARNES C J, HUGHES M W. The distribution of deuterium and ^{18}O in dry soil . 2. Experimental [J]. Journal of Hydrology, 1983,64(1):377-397.

[3] ALLISON G B, HUGHES M W. The use of natural tracers as indicators of soil－water movement in a temperate semi－arid region [J]. Journal of Hydrology,1983,60(1):157-173.

[4] ALLISON G B. The relationship between ^{18}O and deuterium in water in sand columns undergoing evaporation [J]. Journal of Hydrology,1982,55 (1):163-169.

[5] AN S S, MENTLER A, ACOSTAMARTÍNEZ V, et al. Soil microbial parameters and stability of soil aggregate fractions under different grassland communities on the Loess Plateau, China [J]. Biologia, 2009, 64 (3): 424-427.

[6] ARAKI H, IIJIMA M. Stable isotope analysis of water extraction from subsoil in upland rice (Oryza sativa L.) as affected by drought and soil compaction [J]. Plant and Soil, 2005, 270(1): 147-157.

[7] ARMAS C, PADILLA F M, PUGNAIRE F I, et al. Hydraulic lift and tolerance to salinity of semiarid species: consequences for species interactions [J]. Oecologia,2010,162(1):11-21.

[8] BALDRIAN P, MERHAUTOVÁ V, PETRÁNKOVÁ M, et al. Distribution of microbial biomass and activity of extracellular enzymes in a hardwood forest soil reflect soil moisture content [J]. Applied Soil Ecology, 2010,46(2):177-182.

[9] BASTIDA F, BARBERÁ G G, GARCÍA C, et al. Influence of orienta-
tion, vegetation and season on soil microbial and biochemical characteris-
tics under semiarid conditions [J]. Applied Soil Ecology, 2008, 38 (1):
62-70.

[10] BERRY J A AND DOWNTON W J S. Environmental regulation of pho-
tosynthesis. In: Govindjee ed. Photosynthesis[M]. New York: Academic
Press, 1982, 263-343.

[11] BIANCHI G, GAMBA A, MURELLI C, et al. Novel carbohydrate metab-
olism in the resurrection plant — Craterostigma plantagineum[J]. Plant
Journal, 1991, (1):355-359.

[12] BIJAYALAXMI D N, YADAVA P S. Seasonal dynamics in soil microbi-
al biomass C, N and P in a mixed — oak forest ecosystem of Manipur,
North—east India [J]. Applied Soil Ecology, 2006, 31(3):220-227.

[13] BOUSLAMA M, SCHAPAUGH W T. Stress tolerance in soybeans I: e-
valuation of three screening techniques for heat and drought tolerance[J].
Crop Sci, 1984, 24:933-937.

[14] BRANDES E, WENNINGER J, KOENIGER P, et al. Assessing envi-
ronmental and physiological controls over water relations in a Scots pine
(Pinus sylvestris L.) stand through analyses of stable isotope composi-
tion of water and organic matter[J]. Plant Cell Environment, 2007, 30
(1):113-127.

[15] BROOKES P C, POWLSON D S, JENKINSON D S. Measurement of
microbial biomass phosphorus in soil [J]. Soil Biology and Biochemistry,
1982, 14(4):319-329.

[16] BUCHER A E, LANYON L E. Evaluating soil management with micro-
bial community level physiological profiles [J]. Applied Soil Ecology,
2005, 29(1): 59-71.

[17] CHAITANYA K V, SUNDAR D, MASILAMANI S, et al. Variation in
heat stress—induced antioxidant enzyme activities among three mulberry
cultivars[J]. Plant Growth Regulation, 2002, 36(2):175-180.

[18] CHEN G S, ZENG D H, CHEN F S. Concentrations of foliar and surface
soil in nutrients of Pinu ssp. plantations in relation to species and stand
age in Zhanggutai sandy land, northeast China[J]. Journal of Forestry
Research, 2004, 15(1):11-18.

[19] CLIFFORD S C,ARNDT S K,CORLETT J E,et al. The role of solute accumulation,osmotic adjustment and changes in cell wall elasticity in drought tolerance in Ziziphus mauritiana(Lamk.)[J]. Journal of Experimental Botany,1998,49(323):967-977.

[20] COLOM M R,VAZZANA C. Drought stress effects on three cultivars of Eragrostis curvula:Photosynthesis and water relations[J]. Plant Growth Regulation,2001,34:195-202.

[21] COOK P G, GRADY A P O. Determining soil and ground water use of vegetation from heat pulse, water potential and stable isotope data [J]. Oecologia,2006,148(1):97-107.

[22] COWAN I R,RAVEN J A,HARTUNG W,et al. Possible role for abscisic acid in coupling stomatal conductance and photosynthetic carbon metabolism inn leaves[J]. Aust J Plant Physiol,1982,9:489-498.

[23] CRAIG H. Isotopic variations in meteoric waters [J]. Science,1961,133:1702-1703.

[24] DEMMIG B,BJORKMAN O. Comparison of the effect of excessive light on chlorophyll Fluorescens(77K)and photon yield of O_2 evolution of leaves of higher plants[J]. Planta,1987,171:171-184

[25] DHINDSA R S,MATOWE W. Drought tolerance in two mosses:correlated with enzymatic defence against lipid peroxidation[J]. J Exp Bot,1981,32:79-91.

[26] DOMINGO F,GUTIERREZ L,BRENNER A J,et al. Limitation to carbon assimilation of two perennial species in semi—arid south—east Spain [J]. Biologia Plantarum,2002,45(2):213-220.

[27] EDWARDS K A, MCCULLOCH J, KERSHAW G P, et al. Soil microbial and nutrient dynamics in a wet Arctic sedge meadow in late winter and early spring [J]. Soil Biology and Biochemistry, 2006, 38 (9):2843-2851.

[28] EGGEMEYER K D, AWADA T, HARVEY F E, et al. Seasonal changes in depth of water uptake for encroaching trees Juniperus virginiana and Pinus ponderosa and two dominant C_4 grasses in a semiarid grassland [J]. Tree Physiology,2009,29(2):157-169.

[29] ELLSWORTH P Z, WILLIAMS D G. Hydrogen isotope fractionation during water uptake by woody xerophytes [J]. Plant and Soil,2007,291

(1-2):93-107.

[30] ELSER J J, DOBBERFUHL D, MACKAY NA, et al. Organism size, life history, and N:P stoichiometry: Towards a unified view of cellular and ecosystem processes[J]. BioScience, 1996,46: 674-684.

[31] FALLERI E. Effect of water stress on germination in six provenances of Pinus pinaster Ait[J]. Seed Sci&Technol,1994,22:591-599.

[32] FANIN N, FROMIN N, BUATOIS B, et al. An experimental test of the hypothesis of non—homeostatic consumer stoichiometry in a plant litter —microbe system[J]. Ecology Letters,2013,16(6):764-772.

[33] FARQUHAR G D, SHARKEY T D. Stomatal conductance and photo-synthesis[J]. Ann. Rev. Physiol,1982,33:317-345.

[34] FOOTE J A, BOUTTON T W, SCOTT D A. Soil C and N storage and microbial biomass in US southern pine forests: Influence of forest man-agement [J]. Forest Ecology and Management,2015,355:48-57.

[35] FRIDOVICH I. Superoxide dismutase[J]. Ann. Rev. Biochem,1975,44: 147-159.

[36] GAZIS C, FENG X H. A stable isotope study of soil water: evidence for mixing and preferential flow paths [J]. Geoderma, 2004, 119 (1-2): 97-111.

[37] GENTY B,BRAINTAIS J M,BAKER N R. The relationship between the quantum yield of photosynthetic electron transport and quenching of pchlorophyll fluorescence[J]. Biochemical Biophysical Acta,1989,990:87-92.

[38] GIGON A,MATOS A R,LAFFRAY D,et al. Effect of drought stress on lipid metabolism in the leaves of Arabidopsis thaliana (Ecotype Columbi-a). Ann Bot,2004,94:345-351.

[39] GINA BRITO, ARMANDO COSTA, HENRIQUE M A C, et al. Re-sponse of Olea europaea ssp. Maderensis in vitro shoots exposed to os-motic stress[J]. Scientia Horticulture,2003,97:411-417.

[40] GRIERSON P F, ADAMS M A. Nutrient cycling and growth in forest e-cosystems of south western Australia: Relevance to agricultural land-scapes[J]. Agroforestry Systems,1999,45(1-3):215-244.

[41] GUICHERD P,PELTIER J P,GOUT E,et al. Osmotic adjustment in Fraxinus excelsior L. :malate and mannitol accumulation in leaves under

drought conditions[J]. Trees,1997,11:155-161.

[42] GUTTERMAN Y. Seed germination in desert plants. Adaptations of desert organisms. Berlin:Springer—Verlag,1993:20-21.

[43] HAKIMI A,MONNEVEUX P,CALIBA G. Soluble sugars,proline and relative water content as traits for improving drought tolerance and divergent selection for RWC from T. polonicum to T. durum[J]. Journal of Genetics&Breeding,1995,49(3):237-243.

[44] HALL E K, MAIXNER F, FRANKLIN O, et al. Linking microbial and ecosystem ecology using ecological stoichiometry: A synthesis of conceptual and empirical approaches[J]. Ecosystems,2011,14(2):261-273.

[45] HEITHOLT J J. Water use efficiency and dry matter distribution in nitrogen and water—stressed winter wheat[J]. Agron. J,1989,81:464-469.

[46] HSIAO T C. Physiological effects of plant in response to water stress[J]. Ann Rev Plant Physiol,1973,24:519-570.

[47] IANNUCCI A,RASCIO A,RUSSO M,et al. Physiological responses to water stress following a conditioning period in berseem clover [J]. Plant and Soil,2000,223:217-227.

[48] JI X B,HOLLOEHER T C. Reduction of nitrite to nitric oxide by enteric bacteria[J]. Biochem Biophys Res Conunun. 1988,157:106-108.

[49] LEE K S, KIM J M, LEE D R, et al. Analysis of water movement through an unsaturated soil zone in Jeju Island, Korea using stable oxygen and hydrogen isotopes [J]. Journal of Hydrology, 2007,345(3): 199-211.

[50] LEFF J W, JONES S E, PROBER S M, et al. Consistent responses of soil microbial communities to elevated nutrient inputs in grasslands across the globe [J]. Proceedings of the National Academy of Science of the United States of America,2015,112(35):10967-10972.

[51] LIMA A L S,DAMATTA F M,PINHEIRO H A,et al. Photochemical responses and oxidative stress in two clones of Coffea canephora under water deficit conditions [J]. Environmental and Experimental Botany, 2002,47:239-247.

[52] LIU J R, SONG X F, YUAN G F, et al. Stable isotopic compositions of precipitation in China [J]. Tellus Series B—chemical and Physical Meteorology,2014,66(66):39-44.

[53] LONG S P,BAKER N R,RAINS C A. Analyzing the responses of photo-synthetic CO_2 assimilation to long—term elevation of atmospheric CO_2 concentration[J]. Vegetation,1993,104:33-45.

[54] LU C M,ZHANG J H. Effects of water tress on photosystem Ⅱ photo-chemistry and its thermostability in wheat plants[J]. Journal of Experi-mental Botany,1999,50(336):1199-1206.

[55] MARICLE B R, ZWENGER S R, LEE R W. Carbon, nitrogen, and hy-drogen isotope ratios in creekside trees in western Kansas. Environmental and Experimental Botany,2011,71(1):1-9.

[56] MARSCHNER P, KANDELER E, MARSCHNER B. Structure and function of the soil microbial community in a long—term fertilizer experi-ment [J]. Soil Biology and Biochemistry,2003,35(3):453-461.

[57] MAXWELL K,JOHNSON G N. Chlorophyll fluorescence—A practical guide[J]. J Exp Bot,2000,51:659-668.

[58] MCCORD J M,FRIDOVICH I. J Biol Chem,1969,244:6049-6055.

[59] MER R K,PRAJITH P K,PANDYA D H,et al. Effect of salts on germi-nation of seeds and growth of young plants of Hordeum vulgare,Triticum aestivum,Cicer arietinum and Brassica juncea[J]. J Agron Crop Sci,2000, 185:209-217.

[60] MICHEL B E,KAUFMANN M R. The osmotic potential of polyethylene glycol 6000[J]. Plant Physiology,1973,51:914-916.

[61] MISHRA N P,MISHRA R K,SINGHAL G S. Changes in the activities of anti—oxidant enzymes during exposure of intact wheat leaves to strong visible light at different temperatures in the presence of protein synthesis inhibitors[J]. Plant Physiol,1993,102:903-908.

[62] MORAN J M. Osmoregulation and water stress in higher plant[J]. Ann. Rev. Plant physiol,1984,35:299-319.

[63] MUNNS R,TERMAAT A. Whole-plant response to salinity[J]. Aust J Plant Physiol,1986,13:143-160.

[64] NEUMANN P. Salinity resistance and plant growth revisted[J]. Plant Cell & Env, 1997,20:1193-1198.

[65] NIJS I,FERRIS R,BLUM H. Stomatal regulation in a changing climate: A field study using free air temperature increase (FATL) and free air CO_2 enrichment (FACE) [J]. Plant Cell Environ,1997,20:1041-1050.

［66］NOCTOR G,FOYER C H. Ascorbate and glutathione:Keeping active oxygen under control［J］. Annual Review of Plant Physiology and Plant Molecular Biology,1998,49(1):249-279.

［67］PERELO L W, MUNCH J C. Microbial immobilization and turnoverof ^{13}C labelled substrates in two arable soils under field and laboratory conditions ［J］. Soil Biology and Biochemistry, 2005, 37(12): 2263-2272.

［68］QINY Q, HU S L. The problems of wetlands in our country and the researches. Energy Procedia, 2012, 17: 462-466.

［69］QIU B S,ZHANG A H,LIU Z L,et al. Studies on the photosynthesis of the terrestrial cyanobacterium Nostoc flagellifome subjected to desiccation and subsequent rehydration［J］. Phycologia,2004,43(5):521-528.

［70］RAMOLIYA P J,PANDEY A N. Effect of salinization of soil on emergence, growth and survival of seedlings of Cordia rothii［J］. For Ecol Manage,2003,176:185-194.

［71］RANNEY T G,BASSUK N L,WHITLOW T H. Osmotic adjustment and solute constituents in leaves and roots［J］. J. Amer. Soc. Hort. Sci,1991, 116:684-688.

［72］REYNOLDS J, KEMP P, TENHUNEN J. Effects of long－term rainfall variability on evapotranspiration and soil water distribution in the Chihuahuan Desert: A modeling analysis ［J］. Plant Ecology, 2000, 150(1-2): 145-159.

［73］ROBERTSON J A, GAZIS C A. An oxygen isotope study of seasonal trends in soil water fluxes at two sites along a climate gradient in Washington state (USA)［J］. Journal of Hydrology, 2006, 328(1/2): 375-387.

［74］ROGERS M E,AND NOBLE C L. The effects of NaCl on the establishment and growth of balansa clover (Trpolium michelianum Savi. Var balansae Boiss). Aust. J. Agr. Res,1991,44:785-798.

［75］RUAN H H, ZOU X M, SCATENA F N, et al. Asynchronous fluctuation of soil microbial biomass and plant litter fall in a tropical wet forest ［J］. Plant and Soil,2004,260(1/2):147-154.

［76］SAHA A K, SAHA S, SADLE J, et al. Sea level rise and South Florida coastal forests ［J］. Climatic Change,2011,107(1-2):81-108.

［77］SAITO Y, WEI H L, ZHOU Y Q, et al. Delta progradation and chenier formation is the Huanghe(Yellow River)delta, China [J]. Journal of A-sian Earth Sciences,2000,18(4):489-497.

[78] SAYER E J. Using experimental manipulation to assess the roles of leaf litter in the functioning of forest ecosystems [J]. Biological Reviews, 2006,81(1):1-31.

[79] SINGH T N,ASPINALL F,PAEY L G. Proline accumulation and varie-tal adaptability to drought resistance[J]. New Biol,1972,236:188-189.

[80] SIPIO E, ZEZZA F. Present and future challenges of urban systems af-fected by seawater and its intrusion: the case of Venice, Italy [J]. Hydrogeology Journal,2011,19(7):1387-1401.

[81] SMIRNOFF N. The role of active oxygen in the response of plants to wa-ter deficit and desiccation[J]. New Phytol,1993,125:27-31.

[82] SUNDAR D,PERIANAYAGUY B,REDDY A R. Localization of antioxi-dant enzymes in the cellular compartments of sorghum leaves[J]. Plant Growth Regulation,2004,44(2):157-163.

[83] TREVOR E,KRAUS R,AUSTIN F. Paclobutrazol protects wheat seed-lings from heat and paraquat injury is detoxification of active oxygen in-volved[J]. Plant cell Physiol,1994,35:45-52.

[84] TRIPATHI S, KUMARI S, CHAKRABORTY A, et al. Microbial bio-mass and its activities in salt—affected coastal soils [J]. Biology and Fer-tility of Soils,2006,42(3):273-277.

[85] UNGAR I A. Ecophysiology of Vascular Halophytes[M]. CRC Press, Boca Raton,1991.

[86] VAN KOOTEN O,SNEL J F H. The use of chlorophyll nomenclature in plant stress physiology[J]. Photosynth Res,1990,25:147-150.

[87] WANG J, VOLLRATH S, BEHRENDS T, et al. Distribution and di-versity of gallionella—like neutrophilic iron oxidizers in a tidal freshwater marsh [J]. Appl ied and Environmental Microbiology, 2011, 77 (7): 2337-2344.

[88] WANG Z C,STUTTE G W. The role Carbohydrates in active adjustment in apple under water stress [J]. J. Amer. Soc. Hort. Sci, 1992, 117: 816-823.

[89] WERSHAW R L, FRIEDMAN I, HELLER S J, et al. Hydrogen isotop-ic fractionation of water passing through trees [M]. Advances in Organic

Geochemistry. New York：Pergmon，1966. William J，James G G. Wetlands [M]. New York：John Wiley,2000.

[90] WINGLER A,QUIK W P,BUNGARD R A,et al. The role of photorespiration during drought stress：an analysis utilizing barley mutants with reduce activities of photo repiratory enzymes[J]. Plant,Cell and Environment,1999,22：361-373.

[91] WLLEKEN S H,VANCAM P W ,LNZE D, et al. Ozone,sulfur dioxide, and ozone ultraviolet－B have similar effect on mRNA accumulation of antioxidant genes in Nicotiana plumbaginifolia L. [J]. Plant Physiol, 1994,106：1007-1014.

[92] WONG V N L, DALAL R C, GREENE R S B. Salinity and sodicity effects on respiration and microbial biomass of soil [J]. Biology and Fertility of Soils,2008,44(7)：943-953.

[93] XU Q, LI H, CHEN J Q, CHENG X L, et al. Water use patterns of three species in subalpine forest, Southwest China：the deuterium isotope approach [J]. Ecohydrology,2011,4(2)： 236-244.

[94] YAKIR D, STERNBERG L S L. The use of stable isotopes to study ecosystem gas exchange[J]. Oecologia,2000,123(3)：297-311.

[95] YANG H J, SUN J K, SONG A Y, et al. A probe into the contents and spatial distribution characteristics of available heavy metals in the soil of Shell Ridge Island of Yellow River Delta with ICP－OES method [J]. Spectroscopy and Spectral Analysis,2017,37(4)：1307-1313.

[96] YE Z P. A new model for relationship between irradiance and the rate of photosynthesis in Oryza sativa [J]. Photosynthetica, 2007, 45 (4)： 637-640.

[97] ZHANG L X, BAI Y F, HAN X G. Differential responses of N：P stoichiometry of Leymus chinensis and Carex korshinskyi to N additions in a steppe ecosystem in NeiMongol[J]. Acta Botanica Sinica,2004. 46：259－270.

[98] ZHU J F, LIU J T, LU Z H, et al. Soil－water interacting use patterns driven by Ziziphus jujuba on the Chenier Island in the Yellow River Delta, China [J]. Archives of Agronomy and Soil Science,2016,62(11)： 1614-1624.

[99] 艾克拜尔·伊垃洪,周抑强,等.土壤水分对不同品种棉花叶绿素含量及光

合速率的影响[J].中国棉花,2000,27(2):21-22.

[100] 北京师范大学生物系.北京植物志[M].北京:北京出版社,1984.

[101] 操庆,曹海生,魏晓兰,等.盐胁迫对设施土壤微生物量碳氮和酶活性的影响[J].水土保持学报,2015,29(4):300-304.

[102] 曹玲,王庆成,崔东海.土壤镉污染对四种阔叶树苗木叶绿素荧光特性和生长的影响[J].应用生态学报,2006,17(5):769-772.

[103] 陈立松,刘星辉.水分胁迫对荔枝叶片氮和核酸代谢的影响及其与抗旱性的关系[J].植物生理学报,1999,25(1)49-56.

[104] 陈为峰.黄河三角洲新生湿地生态过程研究[D].山东农业大学,2005.

[105] 陈由强,朱锦懋,叶冰莹.水分胁迫对芒果(Mangifera indica L.)幼叶细胞活性氧伤害的影响[J].生命科学研究,2000,4(1):60-64.

[106] 崔承琦,施建堂,张庆德.古代黄河三角洲海岸的现代特征——黄河三角洲潮滩时空谱系研究[J].海洋通报,2001,20(1):46-52.

[107] 邓雄,李小明,张希明,等.多枝柽柳气体交换特性研究[J].生态学报,2003,23(1):180-187.

[108] 丁秋祎,白军红,高海峰,等.黄河三角洲湿地不同植被群落下土壤养分含量特征[J].农业环境科学学报,2009,28(10):2092-2097.

[109] 段德玉,刘小京,冯凤莲,等.盐分和水分胁迫对盐生植物灰绿藜种子萌发的影响[J].植物资源与环境学报,2004,13(1):7-11.

[110] 范延辉,王君,王进宾.黄河三角洲贝壳堤放线菌多样性及抑菌活性[J].土壤通报,2016,47(5):1142-1147.

[111] 冯玉龙,姜淑梅.番茄对高温引起的叶片水分胁迫的适应[J].生态学报,2001,21(5):747-751.

[112] 付士磊,周永斌,何兴元,等.干旱胁迫对杨树光合生理指标的影响[J].应用生态学报,2006,17(11):2016-2019.

[113] 甘露,陈伏生,胡小飞,等.南昌市不同植物类群叶片氮磷浓度及其化学计量比[J].生态学杂志,2008,27(3):344-348.

[114] 甘露,陈伏生,胡小飞,等.南昌市不同植物类群叶片氮磷浓度及其化学计量比[J].生态学杂志,2008,27(3):344-348.

[115] 龚吉蕊,赵爱芬,张立新,等.干旱胁迫下几种荒漠植物抗氧化能力的比较研究[J].西北植物学报,2004,24(9):1570-1577.

[116] 谷奉天,刘振元,崔卫东.山东结缕草资源开发利用研究[J].中国野生植物资源,2005,24(1):28-31.

[117] 谷奉天.鲁北的贝沙岗与贝沙植被类型[J].植物生态学与地植物学学报,

1990,14(3):275-280.

[118] 郭卫华,李波,黄永梅,等.不同程度的水分胁迫对中间锦鸡儿幼苗气体交换特征的影响[J].生态学报,2004,(24)12:2717-2722.

[119] 何军,许兴,李树华,等.水分胁迫对牛心朴子叶片光合色素及叶绿素荧光的影响[J].西北植物学报,2004,24(9):1594-1598.

[120] 何容,王国兵,汪家社,等.武夷山不同海拔植被土壤微生物量的季节动态及主要影响因子[J].生态学杂志,2009,28(3):394-399.

[121] 何维明,钟章成.外界支持物对绞股蓝种群觅养行为和繁殖对策的影响[J].生态学报,2001:47-50.

[122] 何振立.土壤微生物量及其在养分循环和环境质量评价中的意义[J].土壤,1997,29(2):61-69.

[123] 贺少轩,梁宗锁,蔚丽珍,等.土壤干旱对2个种源野生酸枣幼苗生长和生理特性的影响[J].西北植物学报,2009,29(7):1387-1393.

[124] 侯士彬,宋献方,于静洁,等.太行山区典型植被下降水入渗的稳定同位素特征分析[J].资源科学,2008,30(1):86-92.

[125] 黄子琛.干旱对固沙植物的水分平衡和氮素代谢的影响[J].植物学报(英文版),1979(4):314-319.

[126] 接玉玲,杨洪强,崔明刚,等.土壤含水量与苹果叶片水分利用率的关系[J].应用生态学报,2001,12(3):387-390.

[127] 靳宇蓉,鲁克新,李鹏,等.基于稳定同位素的土壤水分运动特征[J].土壤学报,2015,52(4):792-801.

[128] 井春喜,张怀刚,师生波,等.土壤水分胁迫对不同耐旱性春小麦品种叶片色素含量的影响[J].西北植物学报,2003,23(5):811-814.

[129] 黎裕.作物抗旱鉴定方法与指标[J].干旱地区农业研究,1993,11(1):91-99.

[130] 李柏林,梅慧生.燕麦叶片衰老与活性氧代谢的关系[J].植物生理学报,1989,15(1):6-12.

[131] 李广雪,成国栋,李绍全.现代黄河三角洲海岸带的动态变化规律[J].海洋地质与第四纪地质,1987,(7):81-89.

[132] 李国辉,陈庆芳,黄懿梅,等.黄土高原典型植物根际对土壤微生物生物量碳、氮、磷和基础呼吸的影响[J].生态学报,2010,30(4):976-983.

[133] 李合生.植物生理生化实验原理和技术[M].北京:高等教育出版社,2000.

[134] 李昆,曾觉民,赵虹.金沙江干热河谷造林树种游离脯氨酸含量与抗旱性

关系[J].林业科学研究,1999,(1):103-107.

[135] 李明,王根轩.干旱胁迫对甘草幼苗保护酶活性及脂质过氧化作用的影响[J].生态学报,2002,22(4):503-507.

[136] 李世瑜.古代渤海湾西部海岸遗迹及地下文物的初步调查研究[J].考古,1962(12):652-657.

[137] 李树荣.滨州贝壳堤岛与湿地碳通量地面监测研究[D].大连:大连海事大学,2013.

[138] 李伟,曹坤芳.干旱胁迫对不同光环境下的三叶漆幼苗光合特性和叶绿素荧光参数的影响[J].西北植物学报,2006,26(2):0266-0275.

[139] 李文龙,李自珍,王刚,等.沙坡头地区人工固沙植物水分利用及其生态位适宜度过程数值模拟分析[J].西北植物学报,2004,24(06):1012-1017.

[140] 李霞,阎秀峰,于涛.水分胁迫对黄檗幼苗保护酶活性及脂质过氧化作用的影响[J].应用生态学报,2005,16(12):2353-2356.

[141] 李香珍,陈佐忠.不同放牧率对草原植物与土壤 C、N、P 含量的影响[J].草地学报,1998,6(2):90-98.

[142] 李月,张迪,张立霞.无棣贝壳堤岛与湿地自然保护区海洋药用贝类资源的调查[J].安徽农业科学,2008,36(17):7275-7277＋7296.

[143] 李忠佩,王效举.小区域水平土壤有机质动态变化的评价与分析[J].地理科学.2000,20(2):182-187.

[144] 梁新华,许兴,徐兆桢,等.干旱对春小麦旗叶叶绿素 a 荧光动力学特征及产量间关系的影响[J].干旱地区农业研究,2001,19(3):72-77.

[145] 林慧龙,王军,徐震,等.草地农业生态系统中的碳循环研究动态[J].草业科学,2005,22(4):59-62.

[146] 林慧龙,王军,徐震,等.草地农业生态系统中的碳循环研究动态[J].草业科学,2005,22(4):59-62.

[147] 林植芳,李双顺,林桂珠,等.水稻叶片的衰老与超氧物歧化酶活性及脂质过氧化作用的关系[J].植物学报,1984,26(6):605-615.

[148] 凌敏,刘汝海,王艳,等.黄河三角洲柽柳林场湿地土壤养分的空间异质性及其与植物群落分布的耦合关系[J].湿地科学,2010,8(1):92-97.

[149] 刘斌,刘彤,李磊,等.古尔班通古特沙漠西部梭梭大面积退化的原因[J].生态学杂志,2010,29(4):637-642.

[150] 刘家宜.天津植物志[M].天津:天津科学技术出版社,2004.

[151] 刘进达,赵迎昌,刘恩凯,等.中国大气降水稳定同位素时－空分布规律探讨[J].勘察科学技术,1997(3):34-39.

[152] 刘庆,孙景宽,田家怡,等.黄河三角洲贝壳堤岛贝壳沙中微量元素含量及形态特征[J].水土保持学报,2009,23(4):204-212.

[153] 刘庆,孙景宽,田家怡,等.黄河三角洲贝壳堤岛典型建群植物养分吸收积累特征[J].水土保持研究,2010,17(3):153-156+161.

[154] 刘瑞香,杨劼,高丽.中国沙棘和俄罗斯沙棘叶片在不同土壤水分条件下脯氨酸、可溶性糖及内源激素含量的变化[J].水土保持学报,2005,19(3):148-151,169.

[155] 刘银银,李峰,孙庆业,等.湿地生态系统土壤微生物研究进展[J].应用与环境生物学报,2013,19(3):547-552.

[156] 刘友良.植物水分逆境生理[M].北京:中国农业出版社,1992.

[157] 刘瑀,马龙,李颖,等.海岸带生态系统及其主要研究内容[J].海洋环境科学,2008,27(5):520-522.

[158] 刘玉斌,韩美,刘延荣,等.黄河三角洲土壤盐分养分空间分异规律研究[J].人民黄河,2018,40(2):76-80.

[159] 刘志杰,庄振业,韩德亮,等.鲁北贝壳滩脊沉积特征及发育环境分析[J].海洋科学,2005,29(2):12-17.

[160] 刘祖祺,张石城.植物抗性生理学[M].北京:中国农业出版社,1994.

[161] 罗俊,林彦铨,吕建林,等.水分胁迫对甘蔗叶片光合性能的影响[J].中国农业科学,2000,33(4):100-102.

[162] 罗俊,张木清,林彦铨,等.甘蔗苗期叶绿素荧光参数与抗旱性关系研究[J].中国农业科学,2004,37(11):1718-1721.

[163] 罗庆云,於丙军,刘友良.大豆苗期耐盐性鉴定指标的检验[J].大豆科学,2001,20(3):177-182.

[164] 罗先香,张珊珊,敦萌.辽河口湿地碳、氮、磷空间分布及季节动态特征[J].中国海洋大学学报,2010,40(12):097-104.

[165] 马成仓,高玉葆,蒋福全,等.小叶锦鸡儿和狭叶锦鸡儿的生态和水分调节特性比较研究[J].生态学报,2004,24(7):1442-1451.

[166] 马雪宁,张明军,李亚举,等.土壤水稳定同位素研究进展[J].土壤,2012,44(4):554-561.

[167] 马振兴.渤海湾滨岸风暴潮沉积[J].天津师大学报(自然科学版),1998,18(3):62-66.

[168] 潘怀剑,田家怡.黄河三角洲贝壳海岛与植物多样性研究[J].海洋环境科学,2001,(3):54-59.

[169] 潘素敏,张明军,王圣杰,等.基于GCM的中国土壤水中$\delta^{18}O$的分布特征

[J].生态学杂志,2017,36(6):1727-1738.

[170] 裴希超,许艳丽,魏巍.湿地生态系统土壤微生物研究进展[J].湿地科学,2009,7(2):181-186.

[171] 彭佩钦,吴金水,黄道友,等.洞庭湖区不同利用方式对土壤微生物生物量碳氮磷的影响[J].生态学报,2006,26(7):2261-2267.

[172] 齐树亭,马艳丽,江莎,等.天津市区景观生态及物种多样性[J].城市环境与城市生态,2004,(2):11-13.

[173] 綦伟,谭浩,翟衡.干旱胁迫对不同葡萄砧木光合特性和荧光参数的影响[J].应用生态学报,2006,17(5):835-838.

[174] 屈凡柱,孟玲,付战勇,等.不同生境条件下滨海芦苇湿地 CNP 化学计量特征[J].生态学报,2017,38(5):1-8.

[175] 戎郁萍,韩建国,王培,等.放牧强度对草地土壤理化性质的影响[J].中国草地,2001,23(4):41-47.

[176] 尚海琳,李方民,林钥,等.桃儿七光合生理特性的地理差异研究[J].西北植物学报,2008,28(7):1440-1447.

[177] 石辉,刘世荣,赵晓广.稳定性氢氧同位素在水分循环中的应用[J].水土保持学报,2003,17(2):163-166.

[178] 史舟.土壤地面高光谱遥感原理与方法[M].北京:科学出版社,2014:2-10.

[179] 宋献方,李发东,刘昌明,等.太行山区水循环及其对华北平原地下水的补给[J].自然资源学报,2007,22(3):398-408.

[180] 苏秀红,宋小玲,强胜,等.不同地理种群紫茎泽兰种子萌发对干旱胁迫的响应[J].应用与环境生物学报,2005,11(3):308-311.

[181] 孙存华,李扬,贺鸿雁,等.藜对干旱胁迫的生理生化反应[J].生态学报,2005,25(10):2556-2561.

[182] 孙国荣,彭永臻,阎秀峰,等.干旱胁迫对白桦实生苗保护酶活性及脂质过氧化作用的影响[J].林业科学,2003,39(1):165-167.

[183] 孙国荣,陈月艳,关昣,等.盐碱胁迫下星星草种子萌发过程中有机物、呼吸作用及其几种酶活性的变化[J].植物研究,1999,19(4):445-451.

[184] 孙国荣,张睿,姜丽芬,等.干旱胁迫下白桦(Betula platyphylla)实生苗叶片的水分代谢与部分渗透调节物质的变化[J].植物研究,2001,21(3):413-415.

[185] 孙景宽,刘俊华,陈印平.孩儿拳头种子萌发特性和抗氧化系统对盐胁迫的响应[J].种子,2009,28(1):25-28.

[186] 孙景宽,夏江宝,田家怡,等.干旱胁迫对沙枣幼苗根茎叶保护酶系统的影响[J].江西农业大学学报,2009,29(5):779-884.

[187] 孙景宽,张文辉,张洁明,等.种子萌发期四种植物对干旱胁迫的响应及其抗旱性评价研究[J].西北植物学报,2006,26(9):1811-1818.

[188] 孙景宽,张文辉,张洁明,等.种子萌发期四种植物对干旱胁迫的响应及抗旱性评价[J].西北植物学报,2006(26)9:1811-1818.

[189] 孙时轩.造林学[M].北京:中国林业出版社,1992.

[190] 孙双峰,黄建辉,林光辉,等.稳定同位素技术在植物水分利用研究中的应用[J].生态学报,2005,25(9):2362-2371.

[191] 孙志国.黄河三角洲贝壳堤的锶同位素特征[J].海洋地质动态,2003,19(7):19-22.

[192] 汤章城.逆境条件下植物脯氨酸的累积及其可能的生态学意义[J].植物生理学通讯,1984,(1):15-21.

[193] 田家怡,贾文泽,窦洪云.黄河三角洲生物多样性研究[M].青岛:青岛出版社,1999.

[194] 田家怡,夏江宝,孙景宽.黄河三角洲贝壳堤生态保护与恢复[M].北京:化学工业出版社,2011.

[195] 田立德,姚檀栋,Tsujmura M,等.青藏高原中部土壤水中稳定同位素变化[J].土壤学报,2002,39(3):289-295.

[196] 田立德,姚檀栋,蒲健辰,等.拉萨夏季降水中氧稳定同位素变化特征[J].冰川动土,1997,19(4):295-301.

[197] 汪耀富,韩锦峰,林学梧.烤烟生长前期对干旱胁迫的生理生化响应研究[J].作物学报,1996(1):117-121.

[198] 王邦锡,何军贤,黄久常.水分胁迫导致光合作用下降的非气孔因素[J].植物生理学,1992,18(1):77-83.

[199] 王邦锡,黄久常,王辉,等.不同植物在水分胁迫条件下脯氨酸的累积与抗旱性的关系[J].植物生理学报,1989,15(1):46-51.

[200] 王宝荣,杨佳佳,安韶山,等.黄土丘陵区植被与地形特征对土壤和土壤微生物生物量生态化学计量特征的影响[J].应用生态学报,2018,29(1):247-259.

[201] 王宝山.生物自由基与植物膜伤害[J].植物生理学通讯,1988,24(2):12-16.

[202] 王春阳,周建斌,董燕婕,等.黄土区六种植物凋落物与不同形态氮素对土壤微生物量碳氮含量的影响[J].生态学报,2010,30(24):7092-7100.

[203] 王海珍,韩蕊莲,梁宗锁,等.土壤干旱对辽东栎、大叶细裂槭幼苗生长及水分利用的影响[J].西北植物学报,2003,23(8):1377-1382.

[204] 王海珍,梁宗锁,韩蕊莲,等.辽东栎(Quercus liaotungensis)幼苗对土壤干旱的生理生态适应性研究[J].植物研究,2005,25(3):311-316.

[205] 王海珍,梁宗锁,韩蕊莲,等.土壤干旱对黄土高原乡土树种水分代谢与渗透调节物质的影响[J].西北植物学报,2004,24(10):1822-1827.

[206] 王宏.渤海湾贝壳堤与近代地质环境变化[M].北京:地质出版社,2002.

[207] 王继和,张盹明,施茜.几种经济树种水分生理的研究[J].甘肃林业科技,1995,20(3):1-5.

[208] 王建华.超氧化物歧化酶在植物逆境和衰老生理中的作用[J].植物生理通讯,1989,1:1-7.

[209] 王俊刚,陈国仓,张承烈.水分胁迫对 2 种生态型芦苇(Phragmites communis)的可溶性蛋白含量、SOD、POD、CAT 活性的影响[J].西北植物学报,2002,22(3):561-565.

[210] 王磊,张彤,丁圣彦.干旱和复水对大豆光合生理生态特性的影响[J].生态学报,2006,26(7):2073-2078.

[211] 王平,刘京涛,朱金方,等.黄河三角洲海岸带湿地柽柳在干旱年份的水分利用策略[J].应用生态学报,2017,28(6):1801-1807.

[212] 王强,袁桂邦,张熟,等.渤海湾西岸贝壳堤堆积与海陆相互作用[J].第四纪研究,2007,27(5):775-786.

[213] 王荣富,张云华,钱立生,等.超级杂交稻两优培九及其亲本的光氧化特性[J].应用生态学报,2003,14(8):1309-1312.

[214] 王尚义,石瑛,牛俊杰,等.煤矸石山不同植被恢复模式对土壤养分的影响——以山西省河东矿区 1 号煤矸石山为例[J].地理学报,2013,68(3):372-379.

[215] 王仕琴,宋献方,肖国强,等.基于氢氧同位素的华北平原降水入渗过程[J].水科学进展,2009,20(4):495-501.

[216] 王帅,李玲,付战勇,等.施肥对黄河三角洲区盐碱化土壤活性碳、氮的影响[J].农业现代化研究,2014,35(6):804-809.

[217] 王岩,陈永金,刘加珍.黄河三角洲湿地土壤养分空间分布特征[J].人民黄河,2013,35(2):71-74.

[218] 王颖.渤海湾西部贝壳堤与古海岸线问题[J].南京大学学报(自然科学版),1964,8(3):424-440+464.

[219] 魏晓明,夏江宝,孔雪华,等.不同植被类型对黄河三角洲贝壳堤土壤水文

功能的影响[J].水土保持通报,2014,34(4):28-34.

[220] 吴建平,韩新辉,许亚东,等.黄土丘陵区不同植被类型下土壤与微生物C,N,P化学计量特征研究[J].草地学报,2016,24(4):783-792.

[221] 吴金水,林启美,黄巧云.土壤微生物生物量测定方法及其应用[M].北京:气象出版社,2006.

[222] 吴永胜,马万里,李浩,等.内蒙古退化荒漠草原土壤有机碳和微生物生物量碳含量的季节变化[J].应用生态学报,2010,21(2):312-316.

[223] 伍维模,李志军,罗青红,等.土壤水分胁迫对胡杨、灰叶胡杨光合作用—光响应特性的影响[J].林业科学,2007,43(5):30-35.

[224] 伍泽堂.超氧自由基与叶片衰老时叶绿素破坏的关系[J].植物生理学通讯,1991,27(4):277-279.

[225] 夏东兴,王德邻,吴桑云,等.鲁北沿岸贝壳堤的地质学意义[J].黄渤海海洋,1991,9(3):19-24.

[226] 夏东兴.全新世高海面何在[J].海洋学报(中文版),1981,3(4):601-609.

[227] 夏江宝,田家怡,张光灿,等.黄河三角洲贝壳堤岛3种灌木光合生理特征研究[J].西北植物学报,2009,29(7):1452-1459.

[228] 夏江宝,朱丽平,赵自国,等.黄河三角洲贝壳堤不同植被类型的土壤水分物理特征及蓄水潜能评价[J].应用基础与工程科学学报,2016,24(3):454-466.

[229] 夏江宝,张光灿,孙景宽,等.山杏叶片光合生理参数对土壤水分和光照强度的阈值效应[J].植物生态学报,2011,35(3):322-329.

[230] 夏志坚,白军红,贾佳,等.黄河三角洲芦苇盐沼土壤碳、氮含量和储量的垂直分布特征[J].湿地科学,2015,13(6):702-707.

[230] 谢莹,肖蓉,崔圆,等.黄河三角洲天然和恢复盐沼土壤磷分布特征[J].湿地科学,2015,13(6):735-743.

[231] 熊汉锋,黄世宽,陈治平等.梁子湖湿地植物的氮磷积累特征[J].生态学杂志,2007,26(4):466-470.

[232] 徐家声.渤海湾黄骅沿海贝壳堤与海平面变化[J].海洋学报,1994,16(1):68-77.

[233] 徐明慧,关义新,马兴林,等.玉米萌芽期抗旱性研究[J].玉米科学,2003,11(1):53-56.

[234] 徐庆,刘世荣,安树青,等.四川卧龙亚高山暗针叶林土壤水的氢稳定同位素特征[J].林业科学,2007,43(1):8-14.

[235] 徐学选,张北赢,田均良.黄土丘陵区降水—土壤水—地下水转化实验研

究[J].水科学进展,2010,21(1):16-22.

[236] 薛慧勤,甘信民,顾淑媛,等.花生种子萌发特性和抗旱性关系的高渗溶液法[J].中国油料,1997,19(3):30-33.

[237] 薛崧,汪沛洪,许大全,等.水分胁迫对冬小麦CO_2同化作用的影响[J].植物生理学报,1992,18(1):1-7.

[238] 阎顺国,沈禹颖.生态因子对碱茅种子期耐盐性影响的数量分析[J].植物生态学报,1996,20(5):414-422.

[239] 阎秀峰,李晶,祖元刚.干旱胁迫对红松幼苗保护酶活性及脂质过氧化作用的影响[J].生态学,1999,19(6):850-854.

[240] 杨建伟,韩蕊莲,魏宇昆,等.不同土壤水分状况对杨树、沙棘水分关系及生长的影响[J].西北植物学报,2002,22(3):579-586.

[241] 杨建伟,梁宗锁,韩蕊莲,等.不同土壤水分下刺槐和油松的生理特征[J].植物资源与环境学报,2004,13(3):12-17.

[242] 杨劲松,姚荣江.黄河三角洲地区土壤水盐空间变异特征研究[J].地理科学,2007,27(3):348-353.

[243] 杨敏生,裴保华,朱之悌.水分胁迫下白杨派双交无性系主要生理过程研究[J].生态学报,1999,19(3):312-317.

[244] 姚槐应,黄昌勇.土壤微生物生态学及其实验技术[M].北京:科学出版社,2006.

[245] 于卓,史绣华,孙祥.四种植物种子萌发及苗期抗旱性差异的研究[J].西北植物学报,1997,17(3):410-415.

[246] 俞月凤,何铁光,彭晚霞,等.喀斯特峰丛洼地不同类型森林养分循环特征[J].生态学报,2015,35(22):7531-7542.

[247] 臧逸飞,郝明德,张丽琼,等.26年长期施肥对土壤微生物量碳、氮及土壤呼吸的影响[J].生态学报,2015,35(5):1445-1451.

[248] 曾德慧,陈广生.2005.生态化学计量学:复杂生命系统奥秘的探索[J].植物生态学报,29(6):1007-1019.

[249] 曾德慧,陈广生.生态化学计量学:复杂生命系统奥秘的探索[J].植物生态学报,2005,29(6):1007-1019.

[250] 曾彦军,王彦荣,萨仁,等.几种旱生灌木种子萌发对干旱胁迫的响应[J].应用生态学报,2002,13(8):953-956.

[251] 张光灿,刘霞,贺康宁,等.金矮生苹果叶片气体交换参数对土壤水分的响应[J].植物生态学报,2004,28(1):66-72.

[252] 张国明,顾卫,吴之正,等.渤海湾风暴潮倒灌对沿岸农田土壤盐分的影

响[J].地球科学进展,2006,21(2):157-160.

[253] 张海燕,肖延华,张旭东,等.土壤微生物量作为土壤肥力指标的探讨[J].土壤通报,2006,37(3):422-425.

[254] 张静,马玲,丁新华,等.扎龙湿地不同生境土壤微生物生物量碳氮的季节变化[J].生态学报,2014,34(13):3712-3719.

[255] 张明生,谈锋.水分胁迫下甘薯叶绿素 a/b 比值的变化及其与抗旱性的关系[J].种子,2001,4:23-25.

[256] 张鹏锐,李旭霖,崔德杰,等.滨海重盐地不同土地利用方式的水盐特征[J].水土保持学报,2015,29(2):117-203.

[257] 张其德,卢从明,冯丽洁,等.CO₂加富对紫花苜蓿光合作用原初光能转换的影响[J].植物学报,1996,38(1):77-82.

[258] 张守仁.叶绿素荧光动力学参数的意义及讨论[J].植物学通报,1999,16(4):444-448.

[259] 张文辉,段宝利,周建云,等.不同种源栓皮栎幼苗叶片水分关系和保护酶活性对干旱胁迫的响应[J].植物生态学报,2004,28(4):483-490.

[260] 张应华,仵彦卿,温小虎,等.环境同位素在水循环研究中的应用[J].水科学进展,2006,17(15):738-747.

[261] 张友,徐刚,高丽,等.黄河三角洲新生湿地土壤碳氮磷分布及其生态化学计量学意义[J].地球与环境,2016,44(6):647-653.

[262] 张云贵,谢永红.PEG 在模拟植物干旱胁迫和组织培养中的应用综述[J].亚热带植物通讯.1994,23(2):61-64.

[263] 张志良,瞿伟菁.植物生理学实验指导[M].北京:高等教育出版社,2003.

[264] 赵丽萍,段代祥.黄河三角洲贝壳堤岛自然保护区维管植物区系研究[J].武汉植物学研究,2009,27(5):552-556.

[265] 赵松龄,夏东兴.渤海湾西岸中更新世末期以来的海侵问题[J].海洋科学通报,1976,(3):26-40.

[266] 赵松龄,杨光复,苍树溪,等.关于渤海湾西岸海相地层与海岸线问题[J].海洋与湖泥,1978,9(1):15-25.

[267] 赵彤,闫浩,蒋跃利,等.黄土丘陵区植被类型对土壤微生物量碳氮磷的影响[J].生态学报,2013,33(18):5615-5622.

[268] 赵希涛,张景文,焦文强,等.渤海湾西岸的贝壳堤[J].科学通报,1980,25(6):279-281.

[269] 赵希涛,张景文.渤海西岸第四道贝壳堤存在与年代新证据[J].地质科学,1981,(1):2-9.

[270] 赵希涛.中国贝壳堤发育及其对海岸线变迁的反映[J].地理科学,1986,6
(4):293-304.

[271] 赵先丽,周广胜,周莉,等.盘锦芦苇湿地凋落物土壤微生物量碳研究[J].
农业环境科学学报,2007,26:127-131.

[272] 赵欣胜,崔保山,孙涛,等.黄河三角洲潮沟湿地植被空间分布对土壤环境
的响应[J].生态环境学报,2010,19(8):1855-1861.

[273] 赵艳云,胡相明,刘京涛.贝壳堤地区微生物分布特征及其与植被分布的
关系[J].水土保持通报,2012,32(2):267-270.

[274] 赵艳云,刘京涛,陆兆华.渤海湾贝壳堤湿地芦苇种群与蒙古蒿种群空间
分布格局和种间关系[J].湿地科学,2017,15(2):187-193.

[275] 赵艳云,田家怡,孙景宽,等.滨州北部贝沙堤生物多样性现状及影响因素
的研究[J].水土保持研究,2010,17(2):136-140.

[276] 郑光华.种子生理研究[M].北京:科学出版社,2004.

[277] 郑淑慧,侯发高,倪宝玲.我国大气降水的氢氧同位素研究[J].科学通报,
1983,28(3):801-806.

[278] 郑淑霞,上官周平.黄土高原地区植物叶片养分组成的空间分布格局[J].
自然科学进展,2006,16(8):965-973.

[279] 郑云云,胡泓,邵志芳.典型滨海湿地植被演替研究进展[J].湿地科学与
管理,2013,9(4):56-60.

[280] 周海燕.金昌市4种乔木抗旱性生理指标的研究[J].中国沙漠,1997,17
(3):301-303.

[281] 周正虎,王传宽.生态系统演替过程中土壤与微生物碳氮磷化学计量关系
的变化[J].植物生态学报,2016,40(12):1257-1266.

[282] 朱广廉,钟海文,张爱琴.植物生理学实验[M].北京:北京大学出版
社,1990.

[283] 朱教君,李智辉,康宏樟,等.聚乙二醇模拟水分胁迫对沙地樟子松种子萌
发影响研究[J].应用生态学报,2005,16(5):801-804.

[284] 朱金方,刘京涛,孙景宽,等.贝壳堤岛不同生境下柽柳水分来源比较[J].
生态学杂志,2017,36(8):2367-2374.

[285] 朱金方.渤海海岸贝壳堤湿地灌木水分生态位时空分异研究[D].中国矿
业大学(北京),2016.

[286] 朱选伟,黄振英,张淑敏,等.浑善达克沙地冰草种子萌发、出苗和幼苗生
长对土壤水分的反应[J].生态学报,2005,(25)2:364-370.

[287] 庄振业,许卫东,李学伦.渤海南6000年来的岸线演变[J].青岛海洋大学

学报,1991,21(2):99-110.

[288]邹晓霞,王维华,王建林,等.垦殖与自然条件下黄河三角洲土壤盐分的时空演化特征研究[J].水土保持学报,2017,31(2):309-316.